AF315078

CONSIDÉRATIONS

GÉNÉRALES ET PARTICULIÈRES

SUR

LA JACHÈRE.

CONSIDÉRATIONS

GÉNÉRALES ET PARTICULIÈRES

SUR

LA JACHÈRE,

Et sur les meilleurs moyens d'arriver graduellement a sa suppression avec de grands avantages;

Par J.-A.-Victor YVART,

Ancien cultivateur, membre de l'Institut; professeur d'économie rurale à l'école royale d'Alfort; du Conseil d'agriculture du ministère de l'intérieur; de la Société royale et centrale; de l'Académie italienne; de la Société impériale de Moscou; et d'un grand nombre d'autres Sociétés de sciences, d'arts et de littérature, nationales et étrangères.

OUVRAGE IMPRIMÉ PAR ARRÊTÉ DE LA SOCIÉTÉ ROYALE ET CENTRALE D'AGRICULTURE.

.... N'allez pas, trop superstitieux,
Suivre servilement les pas de vos aïeux :
Créant à l'art des champs de nouvelles ressources,
Tentez d'autres chemins, ouvrez-vous d'autres sources.

DELILLE.

A PARIS,

DE L'IMPRIMERIE DE MADAME HUZARD

(née Vallat la Chapelle),

Rue de l'Éperon Saint-André-des-Arts, n°. 7.

1822.

PRÉFACE.

LA question des jachères est incontestablement la plus importante que puisse présenter l'économie rurale, dans toutes les contrées soumises à une culture régulière. Etroitement liée à celle des assolemens raisonnés, que les premiers agronomes de l'Europe s'accordent à regarder comme la base la plus solide de la prospérité agricole, elle intéresse, de la manière la plus directe et la plus prononcée, non-seulement tous les propriétaires ruraux, tous les cultivateurs, mais aussi tous les hommes d'état, tous les gouvernemens, et nous pouvons ajouter la société tout entière.

Il ne s'agit de rien moins, en effet, dans cette question d'un si haut intérêt, que de décider si le tiers des terres arables, et quelquefois même la moitié, doit rester condamné rigoureusement à un retour périodique d'improduction, afin d'assurer le produit des deux autres tiers ou de

l'autre moitié. Il s'agit également de reconnaître si l'on peut, au contraire, obtenir en général de cette étendue considérable des territoires cultivés un parti fort
avantageux, chaque année, sans nuire
en aucune manière à ce produit, et souvent en l'accroissant d'autant plus. Il s'a-
git enfin de rechercher quels sont les meilleurs moyens d'augmenter et d'assurer la
masse des subsistances de première nécessité, c'est-à-dire de s'occuper du premier
objet qui doive attirer et fixer par-tout et
en tout temps l'attention des hommes.

Appelés en 1809 à traiter cette utile
question, tant par la nature des fonctions
que le gouvernement nous avait confiées,
que par notre zèle pour reculer les bornes
de la science agricole, et par une longue
et heureuse pratique dans l'art que nous
professions ; si nous ne pûmes l'approfon-
dir alors, dans le *Nouveau Cours complet
d'Agriculture*, *rédigé par les membres
de la section d'économie rurale de l'Institut*, avec tout le développement qu'un

sujet de cette importance exigeait sans doute, nous avons eu du moins l'avantage bien précieux d'acquérir l'intime conviction, par les témoignages flatteurs que nous avons recueillis, ainsi que par les beaux résultats auxquels il a donné lieu sur un grand nombre de points , que ce premier travail était loin d'être resté sans fruit pour notre agriculture.

Nous avons eu aussi la satisfaction de remarquer, avec d'autres agronomes, que la science des assolemens avait fait presque par-tout de rapides progrès depuis cette époque, en stimulant le zèle et en excitant l'industrie de la plupart des propriétaires ruraux , qui avaient eu l'heureuse idée de se charger eux-mêmes de l'administration de leurs domaines.

Appelés de nouveau par les mêmes motifs, et par de plus puissans encore , à reprendre aujourd'hui ce travail, nous nous sommes livrés à l'honorable tâche qu'il nous imposait, avec toute la franchise et la bonne foi qui doivent toujours présider à un essai de cette nature, et nous nous sommes constamment attachés, comme autrefois, à étayer notre opinion et nos assertions sur les faits les plus authentiques, les plus irrécusables et les plus concluans.

Nous ne nous sommes dissimulé, surtout, aucune des difficultés que notre sujet présentait, ni aucun des obstacles que nous avions à surmonter. Bien plus encouragés par la bonté de la cause que nous défendions, par le bien qui en était déjà résulté, par celui qui devait nécessairement en résulter encore, et par les nombreux partisans de nos principes, que rebutés par quelques contradictions à peine apercevables, nous avons présenté ces difficultés et ces obstacles dans leur véritable jour. Nous ne les avons, par conséquent, détournés ni affaiblis en aucune manière, et nous nous sommes efforcés de répondre, avec autant de solidité que de candeur, à toutes les objections qui se présentaient; la vérité et l'intérêt des cultivateurs étant les

seuls objets que nous ayons eus continuellement en vue, et étant toujours prêts à reconnaître et à rectifier nos erreurs, si elles
nous étaient suffisamment démontrées par
des faits incontestables , par des calculs
exacts , et par de solides raisonnemens ,
que nous saurons toujours distinguer des
vaines déclamations, des suppositions gra-
tuites et des dénégations obstinées.

Ayant cru devoir poursuivre , avec des
intentions aussi positives et aussi désinté-
ressées , les excursions agronomiques que
nous avions déjà commencées, depuis
long-temps , en France et chez nos voisins
les plus renommés en agriculture , soit en
remplissant différentes missions du gouvernement, soit en cherchant à acquérir,
par nos recherches , de nouvelles connaissances en économie rurale, nous avons
recueilli un nombre assez considérable de
faits nouveaux d'un grand intérêt, qui
confirment de plus en plus nos principes,
notre pratique, ainsi que nos observations
précédentes , et nous avons dû les consigner dans notre travail.

Nous avons encore eu l'avantage de faire une autre moisson de faits instructifs, non moins abondante ni moins précieuse pour notre objet : ayant été admis à consulter les importans matériaux rassemblés au ministère de l'intérieur, sur la variété des assolemens raisonnés, introduits avec succès dans les diverses parties de notre territoire, nous avons découvert une masse imposante de modèles excellens de rotations de cultures perfectionnées, fournis, pour la plupart, par les membres correspondans du conseil d'agriculture, et bien dignes d'être cités comme des exemples à imiter. Nous nous sommes également empressés d'en enrichir ce nouvel essai, sur le contenu duquel nous devons maintenant entrer dans quelques détails propres à en faire apprécier d'avance l'ensemble et le but.

Après avoir signalé d'abord, dans la première partie de notre travail, la fausse interprétation donnée généralement au mot JACHÈRE, et avoir expliqué ce qu'on

doit réellement entendre par cette dénomination banale, nous avons soumis à un
examen nécessaire l'idée de REPOS qu'on
y attache communément, et il nous a été
facile de démontrer combien cette antique
supposition était peu fondée.

Remontant ensuite à l'origine de la jachère proprement dite, nous en avons fait
connaître les véritables causes, ainsi que
les moyens vicieux employés jadis pour s'y
soustraire, et les conséquences fâcheuses
qui en résultèrent.

En exposant consécutivement, après,
les diverses manières d'observer cette pratique en France, comme dans la majeure
partie des contrées qui nous avoisinent,
nous l'avons distinguée en jachère complète et absolue, et en jachère relative et
incomplète, d'été et d'hiver; et nous avons
fait sentir l'utilité et les avantages de la
dernière dans plusieurs circonstances, en
prouvant en même temps l'inutilité et les
graves inconvéniens de la première dans la
plupart de celles qui peuvent se présenter.

Passant enfin à la considération des principales objections qu'on élève contre la suppression générale de celle-ci, nous avons démontré leur futilité pour le plus grand nombre de cas, et nous en avons conclu que toutes les fois que, par la culture raisonnée et soignée que nous recommandons, on parvient à entretenir les terres arables nettes, meubles et fécondes, on ne doit les laisser sans produire que pendant le temps rigoureusement nécessaire pour les préparer, par les meilleurs moyens aratoires et par tous les amendemens convenables, à donner de nouveaux produits, puisque le prétendu *repos de la terre* est une chose absurde, complétement inutile et très-souvent nuisible.

En répondant, dans la seconde partie de notre travail, à l'objection spécieuse qui avait été faite contre la suppression de la jachère complète et absolue, par l'assertion positive qu'elle n'était et ne pouvait réellement être supprimée avec avantage que dans les circonstances les plus favorables sous le double rapport du sol et du climat, nous avons commencé par consigner dans cette partie un grand nombre d'exemples très-remarquables, tirés soit de l'étranger, soit sur-tout de divers points de la France, spécialement de nos provinces les mieux cultivées, lesquels nous paraissent démontrer complétement la possibilité de la supprimer avec de grands avantages, même dans les circonstances les plus défavorables sous ces deux rapports essentiels.

Nous nous sommes attachés ensuite à réfuter les principaux argumens allégués d'autre part en sa faveur, et nous avons également exposé les puissans motifs qui existent maintenant pour chercher à s'y soustraire, toutes les fois que des circonstances impérieuses ne s'y opposent pas.

En examinant, immédiatement après, les principaux obstacles réels qui peuvent encore s'opposer à sa suppression dans diverses localités, nous en avons reconnu et indiqué huit, que nous avons exposés et développés avec la plus grande fran-

chise, ainsi qu'avec tous les détails nécessaires pour les bien apprécier ; et nous
avons proposé, à l'égard de chacun d'eux,
les moyens qui nous ont paru les plus propres à les faire disparaître, ou à les atté-
nuer au moins autant que possible.

Nous avons sur-tout insisté sur le dernier de ces obstacles , que nous regardons
comme le plus puissant de tous ; et après
en avoir fait sentir toute l'influence fâcheuse , en général , nous sommes arrivés
naturellement à l'indication des meilleurs
moyens à employer pour supprimer *graduellement* cette jachère avec de grands
avantages.

En donnant à cet important objet toute
l'extension qu'il comportait , et en appliquant successivement les nouvelles rotations de culture , que nous avons recommandées par tous les moyens possibles ,
aux différens modes usités pour observer
la *jachère de rigueur* , nous avons tracé ,
dans le plus grand détail , au cultivateur
la marche aussi simple que certaine qu'il

avait à suivre , ainsi que l'indication et la description des instrumens convenables pour arriver sans inconvéniens au but désiré.

Nous n'avons pas omis d'appuyer cette indication de la nouvelle route à adopter , d'un grand nombre de faits positifs très-encourageans , tirés de notre propre pratique , et de celle des meilleurs agronomes de la France et des parties les mieux cultivées de l'Europe , lesquels faits ne peuvent laisser le moindre doute à toutes les personnes de bonne foi , sur l'efficacité des moyens indiqués , développés et fortement recommandés.

En résumant notre travail , nous avons reconnu et nous espérons que tous les esprits droits, impartiaux et éclairés, reconnaîtront avec nous que si la jachère relative et incomplète peut devenir utile dans diverses circonstances que nous avons fait connaître , il est non-seulement possible , mais encore aussi facile qu'avantageux , de supprimer graduellement par-tout la jachère absolue et complète, la jachère de rigueur enfin, dans le plus grand nombre de cas.

Il ne nous reste plus qu'à rappeler ici quelques vérités que nous avons déjà eu occasion d'énoncer dans nos divers essais sur l'importante matière qui nous occupe, comme dans celui-ci, et sur lesquelles nous ne saurions trop insister.

La différence d'opinion qu'on remarque au sujet de la suppression de la jachère, chez plusieurs cultivateurs, souvent plus avides qu'instruits sur leurs véritables intérêts, ainsi que chez quelques écrivains qui voudraient encore nous retenir dans l'ornière de la routine à cet égard, provient, selon nous, d'erreurs inaperçues par eux (qui n'en sont pas moins réelles, comme nous nous sommes attachés à le démontrer), qu'ils commettent, en regardant comme prouvé ce qui reste toujours en question d'après l'insuffisance ou l'inexactitude des essais allégués. Elle provient sur-tout du défaut de précautions nécessaires pour assurer le succès des entreprises qui tendent à cette suppression, ainsi que du manque d'essais comparatifs, entrepris graduellement, bien faits et de bonne foi, que nous regardons comme les seuls propres à éclairer suffisamment partout l'agriculteur sur cet objet, et sans lesquels il s'expose à asseoir son jugement sur une trompeuse apparence, qu'il prend pour la réalité.

Regardant comme impossibles les résultats qu'il n'a pu obtenir, faute d'avoir pris ces précautions indispensables dont il ne soupçonne souvent pas même l'utilité, il nie obstinément la possibilité des effets dont il ignore la véritable cause. L'extirpation complète des plantes nuisibles aux récoltes, par exemple, dont malheureusement un très-grand nombre de cultivateurs, d'ailleurs zélés et instruits, négligent de s'occuper constamment et efficacement, parce qu'ils n'ont pas assez réfléchi, sans doute, sur toute l'importance de cette opération majeure, par laquelle il convient de commencer l'introduction de toute rotation raisonnée, est une preuve frappante de la vérité que nous avançons; car il est incontestable que, si l'on néglige d'abord l'emploi de tous les procédés qu'exige la destruction de ces puissans obstacles à toute culture profitable, on ne peut jamais obtenir de succès complet.

Il en est de même si l'on s'obstine, comme il n'y en a encore qu'un trop grand nombre d'exemples, à admettre, par un faux calcul, une culture trop étendue de céréales, disproportionnée avec la qualité et l'état du sol, et qui réunit le double inconvénient de l'épuiser et de le souiller considérablement, sans pouvoir fournir en compensation d'amples moyens de réparer les déperditions.

C'est sur-tout en ce moment, où la vileté du prix des grains avertit fortement le cultivateur qu'il doit chercher dans de nouvelles combinaisons de cultures les bénéfices que la routine suivie invariablement par lui refuse à ses justes désirs, qu'il

devient urgent pour lui de réfléchir sérieusement sur ce dernier objet; c'est pourquoi, en nous efforçant de l'éclairer sur
ses véritables intérêts, et de lui faire voir
les causes réelles du peu de succès qu'il
obtient, nous nous sommes sur-tout attachés à lui indiquer la route qu'il doit suivre
pour réussir complétement dans le plus
grand nombre de cas, en supprimant graduellement la jachère, et en alternant
constamment, dans un ordre bien réfléchi et bien combiné, la culture des céréales
avec celle d'autres plantes non moins précieuses pour la nourriture des hommes et
pour celle des animaux domestiques, ainsi
que pour les arts industriels.

Nous devons lui faire remarquer ici que
quand il serait aussi vrai qu'il est peu
prouvé, pour le plus grand nombre de cas
au moins, (comme il lui sera facile de s'en
convaincre par les faits multipliés que nous
avons rapportés), qu'on obtient réellement, après une jachère complète, une

masse de blé supérieure en quantité et en qualité à celle que l'on peut recueillir en supprimant cette jachère et en adoptant toutefois une rotation conforme aux meilleurs principes d'assolement, il n'en faudrait pas moins convenir de deux vérités incontestables, savoir : 1°. que le blé n'est pas aujourd'hui la seule substance végétale qui puisse servir de base convenable à la nourriture de l'homme en Europe, puisque ce grain est heureusement remplacé, sur plusieurs points, par d'autres substances non moins utiles sous ce rapport ; 2°. que l'objet que le cultivateur véritablement éclairé doit avoir avant tout en vue, étant de se procurer, dans un espace de temps donné, le produit net le plus élevé, c'est-à-dire la plus forte somme d'argent en définitive, il en obtiendra réellement plus par les rotations raisonnées, qui lui permettront d'obtenir des récoltes, chaque année, sans interruption, que par les antiques routines, qui condamnent la terre à ne donner des productions utiles, à grands frais, que tous les deux ou trois ans.

Nous lui ferons encore remarquer que dans le plus grand nombre des cas où la culture du blé a été réduite dans son étendue, par l'adoption de l'assolement quadriennal que nous recommandons particulièrement, le produit qu'on a obtenu de ce grain sur le quart des terres convenablement assolées a été plus considérable qu'il n'était auparavant sur le tiers des mêmes terres, dans le système des jachères; et nous lui dirons en outre que les nouvelles cultures ajoutent à cette portion plus grande de blé une quantité très-notable d'autres produits végétaux, dont l'emploi est, aussi, éminemment applicable à la subsistance des hommes et à celle des animaux domestiques.

Nous lui rappellerons donc, en terminant cette préface, ce que nous croyons lui avoir suffisamment démontré dans l'opuscule que nous soumettons à ses lumières, que *si un propriétaire rural instruit*

peut encore conserver la jachère complète sur une exploitation bien admi-
nistrée , comme une exception utile dans
quelques cas rares, il ne doit l'admettre,
dans aucun cas , comme un principe absolu d'agriculture perfectionnée.

PRÉCIS ANALYTIQUE

DE CET OPUSCULE.

PREMIÈRE PARTIE.

SECONDE PARTIE.

CONSIDÉRATIONS

GÉNÉRALES ET PARTICULIÈRES
SUR LA JACHÈRE,

Et sur les meilleurs moyens d'arriver graduellement à sa suppression avec de grands avantages.

PREMIÈRE PARTIE.

I.

Définition du mot jachère.

Le mot jachère, d'après son étymologie présumable du mot latin *jacere*, se reposer, ainsi que d'après l'idée qu'on attache à son acception ordinaire, indique l'état de repos, ou plutôt de non-produit, auquel le cultivateur condamne quelquefois la terre à des époques périodiques plus ou moins rapprochées, et pendant un laps de temps plus ou moins long, contre le vœu bien évident de la nature.

Ainsi, lorsqu'on dit qu'un champ est en jachère, on cherche à désigner, par cette expression, le prétendu repos qu'on suppose si gratuitement nécessaire pour réparer ce qu'on appelle
très-improprement l'*épuisement des forces de la
terre*, et l'on ne désigne réellement par là que
l'état d'improduction résultant du non-ensemen-
cement dans lequel on la laisse pendant trop
long-temps, sous différens prétextes.

Le champ réduit à cet état reçoit fréquemment aussi la dénomination simple de JACHÈRE;
et, dans ce cas, l'on dit *une jachère*, pour désigner un champ soumis actuellement à ce mode
particulier, c'est-à-dire non ensemencé.

On substitue encore au mot *jachère*, en divers cantons de la France, ceux de VERSAINE,
GUERET, VARET, SOMBRE, NOVALE, VERCHÈRE,
LANDE, GACÈRE, FRICHE, GAUSSÈDE, COTIVE,
TERRE A SOLEIL, COMPOT, CHAUMAGE, COUTURE,
SOMMART, etc., auxquels on attache ou la même
signification, ou au moins une idée équivalente;
et l'on emploie quelquefois aussi celui de *culture*,
qui désigne celle que la terre reçoit dans l'année
qui est consacrée à cet usage.

II.

Examen de l'idée de REPOS, *qu'on attache à la jachère.*

Avant de passer à l'examen de l'origine et du but réel ou supposé, ainsi que de l'utilité ou de l'inutilité de la jachère, de ses avantages et de ses inconvéniens, examinons d'abord si l'idée du repos qu'on y attache est applicable à la terre arable, c'est-à-dire au sol cultivé ; si cette terre a réellement des forces susceptibles d'épuisement ; et si, comme on l'a prétendu et comme on le prétend encore quelquefois, elle peut vieillir, s'user, se lasser, se fatiguer, s'affaiblir.

Prenons-la telle qu'elle se présente à nous dès qu'elle sort de l'état de nature, c'est-à-dire immédiatement après avoir été couverte, de temps immémorial, de prairies naturelles, de forêts, ou de toute autre végétation spontanée et vigoureuse.

Quelle que puisse être d'ailleurs la composition intrinsèque du sol, susceptible, comme l'on sait, ainsi que le climat et plusieurs autres circonstances accidentelles, d'une infinité de modifications plus ou moins avantageuses ou dé-

savantageuses à la culture, on convient univer-
sellement que la terre est généralement pourvue
d'une grande fécondité lorsqu'elle passe de cet
état naturel à la culture; et cependant elle a pu
fournir, pendant des siècles, à d'abondantes
productions, sans interruption, et sur-tout sans
aucun secours étranger. Or, en nous arrêtant à
ce seul fait incontestable et très-commun, nous
avons déjà la preuve évidente qu'elle ne se lasse
ni ne se fatigue, qu'elle ne vieillit pas, qu'elle
ne s'use pas, qu'elle ne s'affaiblit pas, et qu'en
continuant de produire elle n'épuise pas enfin
ce qu'on appelle improprement *ses forces*.

Si nous voyons ensuite sa fécondité naturelle
disparaître insensiblement, cette fâcheuse circonstance, dont nous ne sommes que trop souvent les témoins, quand nous n'en sommes pas
les auteurs, ne peut donc être attribuée qu'à
quelque cause accidentelle, entièrement étran-
gère à la terre proprement dite, qui ne doit être
considérée ici que comme le réceptacle passif
d'une partie des substances propres à alimenter
les végétaux; et le cultivateur qui observe cet
effet, doit en chercher la véritable source dans
le traitement irréfléchi auquel il l'a soumise.

Suivons-la maintenant dans les divers procédés de culture auxquels elle peut être expo

sée, et nous y découvrirons cette cause d'altération de la précieuse fécondité que nous y avions
d'abord reconnue.

Pendant cet état de virginité dans lequel nous
avons pris la terre, elle était abondamment pourvue d'*humus* ou sol fertile, résultant du dé-
tritus annuel et successif des plantes et des
animaux qui la couvraient depuis long-temps;
et, par une suite nécessaire, elle abondait en
carbone, qu'on sait être l'un des principaux
alimens du règne végétal. Ce terreau, si utile à
la reproduction dont il est la base essentielle;
ce terreau, susceptible de dissolution, d'évaporation et d'infiltration, susceptible par conséquent d'entrer en grande partie dans l'organisation végétale, de s'altérer ou de disparaître
par une cause et d'une manière quelconque,
va bientôt diminuer progressivement de quantité et de qualité, par l'effet inévitable des opérations aratoires, répétées souvent à contre-
temps et à contre-sens, et d'une végétation forcée, long-temps prolongée, dont tous les produits
seront entièrement enlevés au sol, chaque année. Cet effet sera encore d'autant plus prompt
et plus sensible, que l'humus, dans son état de
dissolution, aura été plus exposé à l'évaporation, à l'infiltration ou à son absorption par des

végétaux qui auront plus soutiré de la terre que de l'atmosphère.

Il y aura donc alors, non pas épuisement de forces proprement dites, qu'on ne peut supposer à ce réceptacle passif que nous appelons *terre matrice*, ou dépôt des substances végétales et animales, mais bien épuisement, c'est-à-dire soustraction, ou au moins altération d'une ou de plusieurs substances essentielles à la végétation, et qu'il deviendra indispensable de restituer au sol, proportionnellement à l'altération ou à la diminution qu'il aura éprouvée, afin de pouvoir le rendre à son état primitif de fécondité.

Ainsi nous voyons que toute idée de fatigue, de lassitude, d'affaiblissement, d'épuisement des forces, de vieillesse, de repos, et toute autre idée équivalente, appliquées à la terre, sont entièrement vides de sens, et aussi dénuées de fondement que si on les appliquait à une masse inerte de pierres, de sable, et d'autres matières analogues, qui forment le noyau ou la base ordinaire de toute terre cultivable.

La jachère n'est donc pas dans la nature, et l'on n'a jamais vu la terre se dépouiller elle-même de toute espèce de végétation pour se reposer. Elle ne peut donc réellement s'épuiser que comme un des réservoirs de l'aliment des végétaux, ce qu'il faut tâcher de prévenir autant que possible, ou de réparer promptement, et c'est là évidemment un des principaux buts auquel doit tendre toute bonne culture.

III.

Origine de la jachère.

Voyons à présent quelle a pu être l'origine de la jachère proprement dite, qui laisse la terre, pendant une ou plusieurs années, sans ensemencement artificiel.

A une époque heureusement déjà loin de nous, la disproportion existante entre l'étendue des terres en culture et les divers moyens indispensables pour les exploiter d'une manière profitable, jointe au peu d'étendue des connaissances agricoles, au petit nombre de végétaux soumis à une culture régulière, à l'absence de rotations propres à ameublir, nettoyer et fertiliser le sol tout-à-la-fois, donna probablement naissance, avec plusieurs autres causes accessoires, à cet état de non-valeur désigné communément sous le nom de *jachère*.

Ne pouvant suffire à tous les besoins qu'exigeait une grande étendue de terre, le cultivateur dut nécessairement se trouver forcé de condamner alternativement à cet état d'improduction une portion plus ou moins restreinte de son exploitation rurale. Alors, comme aujourd'hui, cette portion varia dans la proportion de la multiplicité et de la force des obstacles qui s'opposaient à la culture. La qualité du sol sur-tout, ainsi que les convenances locales, déterminèrent souvent et l'étendue des jachères et leur durée.

Dans plusieurs contrées peu fertiles ou peu pourvues des moyens de réparer les déperditions de la terre, quoiqu'elle y soit naturellement féconde, une seule année de récolte devint le signal d'une année de non-produit; dans d'autres, plus favorisées par la qualité du sol ou par d'autres circonstances locales, plusieurs récoltes consécutives de céréales précédèrent cette année de rémission. Le plus souvent, le retour de la jachère devint triennal, et suivit immédiatement la culture successive du froment et de l'avoine, les deux grains le plus généralement cultivés presque par-tout en France, comme dans une grande partie de l'Europe septentrionale : quelquefois cet état d'improduction, au lieu d'être borné à une seule année, devint un véritable état d'abandon prolongé et souvent indéterminé. Ainsi, après avoir entièrement épuisé un canton, on abandonna à la nature le soin de réparer les torts d'une culture plus avide que raisonnée ; et cette pratique, qui est aussi celle des sauvages et de tous les peuples nomades, déshonore encore aujourd'hui les contrées qui sont le moins avancées vers l'instruction, la civilisation et la population.

IV.

Moyens vicieux employés anciennement pour se soustraire à la jachère, et conséquences fâcheuses qui en résultèrent.

A mesure que les besoins s'accrurent avec la population, il devint aussi naturel de chercher à restreindre l'étendue des terres ainsi délaissées temporairement, qu'il l'avait été d'abord d'abandonner celles que l'on ne pouvait cultiver fructueusement ; mais le remède devint souvent pire que le mal, parce que, s'occupant plus de satisfaire les besoins du moment que de préparer la terre pour ceux de l'avenir, on erra long-temps sur l'adoption des meilleurs moyens d'assurer un produit constant, et l'on voulut toujours exiger, sans intermédiaire, les récoltes de grains qu'il eût fallu sagement intercaler avec d'autres.

Des non-succès qui furent le résultat nécessaire des tentatives réitérées, sans un assolement convenable, sur divers points et à diverses époques, on tira la conséquence irréfléchie que la terre avait besoin de se reposer à des intervalles déterminés, quoique le spectacle majestueux et concluant de la végétation prolongée, dont la nature restait seule chargée, donnât en tout temps un démenti formel à cette opinion erronée. Enfin, en partant du faux principe d'une lassitude supposée aussi gratuitement, on décora la jachère de la fausse dénomination de *repos de la terre*.

Comme une erreur de nom occasionne souvent une erreur de chose, cette dénomination impropre devint le prétexte dont on se servit toujours depuis pour autoriser cette pratique, consacrée par un long usage, et dont la véritable origine se perdait dans la nuit des temps.

Dans quelques endroits, la jachère paraît être aussi la suite d'une tradition pieuse et d'un préjugé religieux, d'après un passage du Lévitique, où il est dit que *la septième année sera le sabbat de la terre, et l'année du repos du Seigneur,* tandis qu'à côté on entretient constamment, sans ce moyen, la fécondité du sol, par des labours convenables, des engrais suffisans, et sur-tout par des assolemens raisonnés, et par le

nettoiement et l'ameublissement du sol, qui en
sont les conséquences nécessaires.

Enfin, elle se trouva consacrée plus rigoureusement encore en un grand nombre d'endroits, par la teneur même des baux, dont les
clauses impératives la prescrivirent comme une
règle de culture indispensable pour prévenir
l'épuisement de la terre. Ajoutons que la courte
durée de ces mêmes baux, en s'opposant très-
efficacement à toute espèce d'amélioration permanente, occasionne encore trop souvent des
détériorations aussi réelles que le mal qu'on
cherche à éviter est illusoire, et le bien qu'on
voudrait opérer incomplet et incertain, tant
qu'on se bornera à de semblables moyens, qui
vont directement contre le but qu'on se propose.

En partant de la supposition gratuite que la
terre épuisait, par ses productions, *les forces*
qu'on lui attribuait, dans l'acception rigoureuse
de cette expression, il était naturel de supposer
qu'elle avait besoin de repos, comme un animal
fatigué par le poids d'un fardeau, ou par un ef-
fort quelconque, a réellement besoin d'inaction
pour réparer l'abattement qu'il éprouve, afin de
pouvoir se rétablir dans son état primitif.

Cependant, l'observation, toujours facile à
faire, que la terre qui s'était conservée nette et

à laquelle on restituait par les engrais l'équivalent de ce qu'elle avait perdu, ne perdait rien
de sa fécondité, devait indiquer à l'observateur
attentif, impartial, et non prévenu défavorable-
ment, qu'elle n'avait pas besoin de repos, et
qu'elle diminuait ses productions, bien moins
par l'effet d'une prostration de forces, que par
celui d'une déperdition réelle de substances essentielles à l'organisation et à la prospérité de
nouveaux produits, substances qu'il fallait nécessairement lui rendre, lorsqu'on n'avait pu les
lui conserver.

L'agriculteur clairvoyant devait remarquer
aussi que la terre qu'il fatiguait de labours, souvent inutiles, toujours dispendieux, et quelquefois nuisibles, se couvrait ordinairement, lorsqu'elle était abandonnée à elle-même, d'une
végétation spontanée, qui décidait la question
de l'inutilité de la jachère, en annonçant, d'une
manière non équivoque, la faculté de donner
des productions en rapport avec sa nature, son
état et nos besoins.

Mais indépendamment de l'effet inévitable
que produit toujours sur l'esprit du vulgaire
une opinion ancienne, transmise d'âge en âge
et admise de confiance, jusqu'à ce qu'on s'avise
de la soumettre au raisonnement, les causes que

nous avons énoncées, jointes à l'ignorance des véritables principes d'assolement, durent retarder long-temps l'époque qui s'approche, où la terre ne sera plus condamnée périodiquement à un état ruineux d'improduction.

En vain le spectacle florissant des forêts et des prairies semées par la main libérale de la nature, et entretenues par elle dans un état permanent de prospérité pendant des siècles, lorsqu'elles sont à l'abri des outrages qu'elles reçoivent trop souvent de la main des hommes, proclamait que ce prétendu repos était une chimère, et indiquait assez qu'en imitant la nature, dont la loi constante fait si sagement servir la décomposition des êtres à la prospérité d'autres êtres, on obtiendrait les mêmes résultats. La puissance tyrannique et presque irrésistible de l'habitude fascina les yeux, et empêcha de voir qu'au lieu de repos c'était d'engrais, d'ameublissement, de nettoiement, et de variété dans les cultures, que la terre avait essentiellement besoin pour réparer ses pertes, ou plutôt pour les prévenir.

En vain la vigueur des végétaux qui croissaient spontanément sur les terres délaissées; en vain la succession non interrompue des récoltes en divers genres, dont s'enrichissaient nos jardins, servaient de démonstration rigoureuse à ces importantes vérités ; cette fausse dénomination de *repos* eut sur l'esprit de la plupart des cultivateurs un pouvoir magique, qui séduisit même plusieurs hommes d'ailleurs très-éclairés.

Depuis long-temps des amis ardens de l'agriculture, des observateurs attentifs, s'indignaient de voir presque généralement le tiers, et quelquefois même la moitié de territoires fertiles, ou susceptibles de le devenir par un traitement convenable, condamnés à la nullité, sans en devenir souvent plus propres aux productions futures. Ils avaient consigné leurs vœux stériles pour un meilleur ordre de choses, dans plusieurs écrits bien louables, sans doute ; mais c'était aux yeux sur-tout qu'il fallait parler pour arriver à l'esprit ; c'étaient des faits authentiques et décisifs qu'il fallait placer à côté des principes, parce que tôt ou tard ces moyens de conviction doivent triompher inévitablement de l'incrédulité, et que s'ils ne déchirent pas sur-le-champ le bandeau de l'erreur, ils ont au moins le précieux avantage de le faire disparaître insensiblement et sans retour, comme sans secousse.

D'ailleurs, les moyens indiqués jusqu'alors n'étaient pas toujours avoués par l'expérience,

qui en était cependant la véritable pierre de
touche. Le plus grand obstacle à combattre con-
sistait dans l'erreur, trop générale encore et
très-séduisante à la vérité, qui porte à croire
que, pour obtenir constamment d'abondantes
récoltes de grains, il faut de toute nécessité en
ensemencer itérativement de vastes étendues de
terrain, chaque année; comme si la qualité du
sol, résultant d'une préparation convenable,
ne compensait pas, et au-delà, le défaut de
quantité; et comme si des terres incomplète-
ment préparées, et, par cela même, hors d'état
de fournir des produits avantageux, pouvaient
jamais donner de belles moissons.

Il s'agissait bien moins d'obtenir une série
consécutive de produits en grains, que de suivre une rotation de récoltes telle, qu'en variant
les cultures, en les intercalant convenablement,
en faisant succéder aux végétaux reconnus pour
être les plus épuisans, par leur organisation,
par leur mode de végétation, et par le traitement auquel ils sont soumis, ceux qui sont au
contraire reconnus propres à améliorer le sol
par leur nature peu épuisante, par les procédés
de culture qu'ils exigent, ou par leurs débris, ou
enfin par leur consommation sur le champ
même, on pût l'entretenir, d'une manière per-

manente et assurée, dans cet état de netteté, d'ameublissement et de fécondité, qui le rend propre à répondre d'une manière indéfinie à l'appel du cultivateur éclairé.

Il s'agissait donc de cultiver, convenablement et concurremment avec les céréales, ou avec d'autres plantes aussi épuisantes, les prairies artificielles, les plantes à tubercules, ou à racines volumineuses et très-nourrissantes, et surtout un grand nombre d'espèces et de variétés annuelles, bisannuelles ou vivaces, tirées de la nombreuse et utile famille des légumineuses, qui en fournissant, sans emprunter beaucoup de la terre, d'amples moyens d'élever et d'entretenir de nombreux troupeaux, augmentent nécessairement la masse des engrais, et, par une conséquence inévitable, celle des grains, qui en font une si forte consommation.

Par ces moyens simples et beaucoup moins dispendieux que ne l'est l'improductive et ruineuse jachère, l'industrieux cultivateur prévient infailliblement l'état fâcheux d'infécondité ou de malpropreté qui le force à recourir à ce palliatif d'un mal qui va toujours croissant, et il possède en tout temps d'amples moyens de réparer entièrement les pertes que la terre peut faire. Déjà un nombre considérable d'exemples frappans, pris sur divers points de la France et ailleurs, dans des situations très-variées, et que nous avons consignés dans notre premier travail sur les assolemens les plus convenables à notre position, ainsi que dans la notice historique qui le précède, ont démontré que tout le secret est là, et que plus on paraît s'éloigner de la culture des grains, plus on s'en rapproche réellement. Nous avons acquis maintenant la preuve bien décisive que les cantons où la jachère est encore en honneur, sont généralement ceux où la culture des prairies artificielles, des racines nourrissantes, des plantes légumineuses, et l'emploi de tous les moyens améliorans et préparatoires, sont ou inconnus, ou inusités, ou beaucoup trop rares, ou introduits enfin dans un cercle de culture vicieux, comme nous le démontrerons tout-à-l'heure ; mais bientôt nous devons espérer arriver successivement à l'abandon de la jachère *absolue*, sur la majeure partie du territoire français, parce qu'un grand nombre de cultivateurs aussi zélés qu'instruits, osant braver tous les obstacles que leur opposent la routine et les préjugés, donnent à leurs voisins d'utiles exemples, que ceux-ci ne pourront manquer d'imiter.

Passons à l'examen des différens moyens les plus ordinaires d'observer la jachère.

V.

Exposé des diverses manières de pratiquer la jachère.

La jachère est absolue et complète, ou seulement relative et incomplète.

La jachère est absolue et complète, lorsque la terre arable ne reçoit aucune espèce d'ensemencement artificiel, pendant toute la durée d'une ou de plusieurs années rurales.

La jachère est relative et incomplète, lorsque la même terre ne reste sans ensemencement que pendant une partie plus ou moins considérable de l'année, suivant les circonstances.

On peut aussi considérer la jachère absolue comme annuelle, bisannuelle, et pérenne.

La jachère absolue est annuelle, lorsque, après une ou plusieurs récoltes épuisantes et consécutives, on laisse la terre sans l'ensemencer, une année entière, pendant laquelle elle est soumise à diverses opérations aratoires destinées à la préparer pour la récolte subséquente.

Elle est bisannuelle, lorsque, faute d'engrais, on la laisse entièrement inculte et sans ensemencement, pour en retirer un simple pâturage, pendant l'année qui suit immédiatement la dernière récolte épuisante, et que, dans le courant de la seconde seulement, elle reçoit les préparations nécessaires pour la récolte qu'on se propose d'obtenir à la troisième année.

Enfin, elle est pérenne et d'une durée indéterminée, lorsque, après une série prolongée de récoltes épuisantes, lesquelles ont diminué chaque année de quantité et de qualité, et n'ont laissé aucun moyen de réparer les pertes par de nouveaux engrais, on l'abandonne entièrement à la nature, qui, en la couvrant de végétaux, fait disparaître, après un intervalle plus ou moins long, le mal qu'une culture imparfaitement combinée avait occasionné.

Arrêtons-nous un instant sur les motifs déterminans, et sur les inconvéniens ou les avantages des différentes manières que nous connaissons d'observer la jachère.

Lorsque la jachère absolue, annuelle, est alternée avec la culture, d'année en année, elle suppose ordinairement le défaut de temps, d'instruction, d'animaux, d'engrais, de bras, ou d'autres moyens indispensables pour la cultiver convenablement. Elle annonce l'absence de toute espèce de prairies artificielles, et un assolement qu'il serait facile de corriger avec quelques-unes de ces prairies, ou avec toute autre culture intercalaire équivalente et améliorante, laquelle, en nettoyant et en ameublissant tout-à-la-fois la terre, la préparerait pour la récolte suivante, d'une manière plus productive et moins coûteuse, comme nous le verrons en traitant spécialement cet objet plus loin.

Cette jachère, que nous avons trouvée plus répandue dans quelques cantons méridionaux qu'ailleurs, a le très-grave inconvénient de doubler le prix de location imputable à chaque année, en diminuant les produits, qui sont complétement nuls d'année en année, et qui pourraient au moins consister dans quelque pâturage artificiel précoce, lequel indemniserait des frais de culture, sans nuire aux produits futurs, en prenant toutes les précautions convenables, ou bien dans un engrais végétal qui améliorerait bien mieux la terre que ne peut jamais le faire un entier abandon.

Lorsque la jachère absolue, annuelle, est observée à la troisième année, après deux autres de culture, elle suppose ordinairement que ces deux années précédentes ont été consacrées à la production de deux récoltes de céréales consécutives et épuisantes, telles que celles du froment ou du seigle, puis de l'avoine ou de l'orge.

C'est de toutes la plus fréquente presque partout, et elle devient souvent inévitable, très-coûteuse et insuffisante avec un assolement triennal aussi défectueux, qui admet deux cultures consécutives, épuisantes et salissantes, de graminées annuelles qu'il eût fallu intercaler judicieusement avec des cultures améliorantes et préparatoires.

La jachère absolue, bisannuelle, annonce ordinairement trois cultures consécutives au moins, lesquelles ayant lieu après une autre jachère qui les avait précédées, laissent la terre dans un tel état d'épuisement et de malpropreté, qu'elles forcent le cultivateur, plus avide qu'instruit sur ses propres intérêts, à perdre, pendant deux années consécutives, le revenu qu'il aurait pu en obtenir avec un arrangement plus conforme aux principes de la saine agriculture. La première année, entièrement consacrée à l'*inculture,* fournit ordinairement un chétif pâturage, qui ne peut être comparé, ni pour son produit, ni pour ses effets, à la plus faible prairie artificielle, et la seconde l'assujettit à des travaux pénibles et coûteux, qui ne réparent qu'imparfaitement le mal opéré par les cultures précédentes, lesquelles, en anticipant sans cesse sur les produits futurs, finissent par les réduire à très-peu de chose.

Cette ruineuse et très-défectueuse routine nous paraît régner plus impérieusement encore dans plusieurs parties de nos départemens de l'ouest que dans les autres contrées de la France.

Enfin, la jachère absolue, pérenne et indéterminée, est ordinairement le triste résultat de l'ignorance, jointe à l'insatiable cupidité du colon sur les terres nouvellement défrichées. Il les réduit, pour ainsi dire, à un véritable *caput mortuum*, par une série prolongée de cultures épuisantes, avec lesquelles il finit par anéantir cette précieuse fécondité dont il avait d'abord trouvé le sol si heureusement pourvu, et qu'il aurait pu maintenir dans cet état prospère, s'il n'en avait abusé aussi inconsidérément. C'est la plus ordinaire dans quelques-uns de nos départemens du centre et de l'est.

Cette pratique, destructive de toute espèce de prospérité, et qu'on retrouve encore dans les parties de la France les moins instruites en économie rurale, contraint le malheureux qui l'observe, pour ainsi dire religieusement, à abandonner son champ à la nature, pendant un laps de temps plus ou moins long, pour le reprendre lorsqu'elle y a rétabli insensiblement l'humus qu'il en avait fait disparaître. Il le soumet itérativement ensuite à un traitement tout aussi propre à l'en dépouiller de nouveau, et à le réduire pour long-temps à l'état le plus déplorable, sans qu'il lui soit possible de l'en retirer par aucun des moyens artificiels ordinaires.

Comparons ces fâcheux résultats à ceux que peut nous présenter la jachère relative et incomplète.

VI.

Utilité de la jachère relative et incomplète, dans quelques circonstances.

Autant la jachère absolue et complète, annuelle ou étendue au delà de ce terme, présente d'inconvéniens, et autant elle est généralement nuisible au cultivateur, excepté peut-être dans quelques cas forcés, accidentels, et dans quelques climats très-rigoureux; autant la jachère relative et temporaire est ordinairement utile et quelquefois même indispensable, quoiqu'elle ne soit pas toujours d'une nécessité rigoureuse.

On peut diviser cette jachère, qui n'est, pour ainsi dire, que passagère et momentanée, en jachère d'été et en jachère d'hiver.

La jachère d'hiver devient, assez souvent, non-seulement utile, mais même nécessaire pour préparer la terre à de nouveaux produits

par l'application de nouveaux engrais ou amendemens, et d'opérations aratoires rigoureusement exigibles, pendant cette saison, durant
laquelle la végétation est souvent interrompue.
C'est sur-tout aux champs éloignés et d'un ac-
cès difficile, dans les temps pluvieux, et c'est
également à ceux qui sont placés sous un âpre
climat, ainsi qu'à ceux qui sont exposés à de
fréquens débordemens, ou à un excès d'humidité résultant d'une cause quelconque, que cet
intervalle de production peut devenir nécessaire.

Dans le premier cas, on ne peut transporter
convenablement et économiquement les engrais
et les amendemens que pendant les gelées qui,
en resserrant la terre, rendent les chemins praticables et commodes pour les charrois, et pré-
viennent la résistance occasionnée par l'enfon-
cement des roues, lequel, indépendamment des
inconvéniens graves qui en résultent ensuite
pour la culture, exerce si péniblement les forces
et use si promptement la vigueur des animaux
de trait.

Dans le second cas, il est généralement im-
prudent de confier à la terre des semences dont
l'intensité des froids ordinaires, le ravage des
eaux adventices, l'excès d'humidité naturelle
au sol, qu'on ne peut ni faire disparaître com-

plétement, ni même quelquefois diminuer pendant cette saison, compromettraient fortement le succès.

Dans ces différens cas et dans d'autres équivalens, cet intervalle étant impérieusement commandé par les circonstances, devient de rigueur; et il est encore quelquefois indispensable, par l'impossibilité de tout faire à-la-fois, par la nécessité d'occuper utilement les hommes et les animaux pendant la saison morte, et par l'avantage de pouvoir varier ses cultures et les époques de ses ensemencemens, afin de faire une distribution convenable de ses moyens, de ses ressources et de son temps.

La jachère d'été devient aussi très-utile dans certains cas, et dans quelques-uns même elle est également indispensable. Dans toutes les parties des contrées méridionales, dont la chaleur brûlante du climat, jointe à l'aridité naturelle du sol, ne peut être efficacement tempérée par d'utiles irrigations, qui, toutes les fois qu'elles sont praticables, convertissent même les sols les plus ingrats en terres du plus grand produit; dans toutes les terres, de quelque nature qu'elles soient, et sous quelque climat qu'elles se trouvent, qu'une culture négligée a laissé envahir par un gazon épais de plantes vivaces et nuisibles, dont les racines traçantes, articulées ou tubéreuses, sont d'une extirpation et d'une destruction très-difficiles, pour ne pas dire impossibles, et qui devient d'ailleurs lente et très-coûteuse par les moyens ordinaires, cet intervalle de non-production est toujours de la plus grande utilité pour parer à ces deux inconvéniens.

Dans le premier cas, la chaleur du climat, la dureté, l'aridité du sol, sont telles, qu'en supposant la récolte faite dans le mois de juin, comme cela arrive fréquemment dans le midi, la sécheresse constante qui règne ordinairement à cette époque, et pendant les mois suivans, s'oppose irrésistiblement à toute espèce de production annuelle ou momentanée, lorsqu'on ne peut se procurer aucun moyen artificiel de remédier à ce puissant obstacle, réellement insurmontable par tout autre moyen que les irrigations.

Les champs, dépouillés alors de leurs produits, ne sont pas, le plus souvent, attaquables par les instrumens aratoires ordinaires; et quand ils le seraient, le défaut d'humidité suffisante rendrait toute espèce d'ensemencement inutile et en pure perte. Il n'y a tout au plus que quelques prairies artificielles, au moins bisannuelles, qui, semées simultanément avec les grains, en au—

tomne ou de bonne heure au printemps, puissent occuper utilement le sol à cette époque
critique, lors toutefois qu'elles peuvent résister
aux efforts destructeurs et prolongés d'une sécheresse excessive, ce qui n'arrive pas toujours;
et dans le cas d'impossibilité d'en établir aucune, la jachère d'été devient indispensable.

Dans le second cas, l'urgente nécessité de purger complétement le champ des racines envahis-
santes, entrelacées en tous sens, qui sont vivaces,
très-rustiques, et extraordinairement difficiles à
extirper et à détruire, lorsqu'elles s'en sont exclusivement emparées, après s'y être paisiblement
multipliées pendant plusieurs années, impose
entièrement la loi rigoureuse de la jachère d'été.

Dans ce cas d'urgence beaucoup trop commun, c'est-à-dire lorsque le chiendent ordinaire,
triticum repens, l'avoine à chapelets ou à racines
bulbeuses, *avena precatoria*, l'agrostide stolonifère, *agrostis stolonifera*, le céraste des champs,
cerastium arvense, la linaire commune, *linaria
vulgaris*, la mille-feuille, *achillea mille-folium*,
la prèle ou queue de cheval, *equisetum arvense*,
le tussilage ou pas-d'âne, *tussilago farfara*, et
autres plantes semblables, à racines traçantes,
entrelacées, persistantes, très-vigoureuses, et
d'une prompte et facile propagation, ont fait la

conquête d'un champ, par l'effet de l'ignorance ou de la négligence du cultivateur, ou par quelque autre cause, soit naturelle, soit accidentelle, nous ne connaissons pas de moyen plus efficace et plus convenable, c'est-à-dire plus expéditif, plus économique et plus sûr que la jachère d'été, après l'ÉCOBUAGE et l'INCINÉRATION, sur tout sur les terres compactes, humides et argileuses, pour remédier complétement au grave inconvénient qui compromettrait long-temps le succès des récoltes futures.

Qu'on ne suppose pas, sur-tout, que lorsque la terre se trouve réduite à ce fâcheux état, l'établissement d'une prairie artificielle puisse devenir un moyen efficace pour détruire ces plantes essentiellement nuisibles. Ce résultat ne peut réellement avoir lieu; et quoique quelques agronomes aient avancé légèrement que ces prairies étouffaient par leur ombrage les végétaux affamans que nous venons d'indiquer, nous pouvons et nous devons assurer qu'il n'en est rien, puisque notre propre expérience, jointe à un grand nombre d'observations particulières, nous a constamment convaincus du contraire.

Nous ne nions pas que ces prairies n'étouffent réellement un grand nombre de plantes annuelles, nuisibles aux récoltes et moins vigoureuses, et n'annullent aussi quelquefois les germes disséminés de plusieurs autres, quoiqu'il soit encore certain que beaucoup d'entre elles jouissent de la fâcheuse propriété de conserver long-temps en terre leur faculté germinative, et de reparaître, au grand étonnement et au grand détriment du cultivateur, après un laps de temps quelquefois très-considérable; mais ce qu'il y a de bien certain, et ce sur quoi nous ne saurions trop insister, c'est que quiconque ensemence en prairies un terrain infesté de plantes vivaces de la nature de celles que nous avons indiquées, ou de toutes autres analogues par leur vitalité et leur rusticité, ainsi que par leur prompte et affligeante propagation, laquelle s'opère par le double moyen de leurs nombreuses racines et de leurs semences, s'expose infailliblement à n'avoir que de chétives prairies affamées par ces produits naturels du sol, qui les surmontent et se propagent d'autant plus que la terre sur laquelle ils se sont établis reste plus long-temps soustraite aux opérations aratoires. Bien long-temps encore après le défrichement des prairies, ces dangereux ennemis disputent aux récoltes annuelles le droit d'occuper le champ, que leur donne leur antériorité de possession autant que leur étonnante vitalité, jusqu'à ce qu'une jachère d'été, en les exposant à plusieurs reprises à l'ardeur meurtrière des feux de la canicule, secondés par des opérations aratoires multi-pliées, opère leur éradication complète et leur entière destruction.

Sans doute les sarclages et les houages, mul-tipliés en temps convenable, pourraient en dé-truire une grande partie, sur-tout en admettant à cet effet les cultures en rayons qui facilitent beaucoup ces opérations; cependant outre qu'il est très-difficile que nos instrumens ordinaires pour cet objet puissent atteindre et extirper com-plétement ces longues et nombreuses racines, dont la plus faible articulation suffit pour donner l'existence à de nouveaux individus qui s'ac-croissent et se multiplient rapidement, les opéra-tions manuelles que ce moyen exige deviennent toujours très-dispendieuses, lentes et insuffi-santes dans le cas difficile dont il est ici ques-tion; et la célérité et l'économie, qui doivent accompagner toutes les opérations agricoles, sont rigoureusement prescrites dans cette cir-constance.

Ainsi, dans les deux cas que nous venons d'exposer, et dans tout autre semblable, on doit généralement avoir recours à la jachère d'été, d'une part, pour ne pas s'exposer à des avances en pure perte, et, de l'autre, afin d'éviter des dépenses insuffisantes et les prévenir par la suite.

Mais de ce qu'il existe, comme nous venons de le démontrer, des cas dans lesquels la jachère d'hiver ou d'été peut devenir nécessaire, relativement à divers objets; de ce qu'elle devient quelquefois forcée pour opérer des défoncemens, des défrichemens, des desséchemens et des amendemens quelconques, il ne faut pas en conclure, comme on le fait assez souvent, que, pour remplir ces objets, elle doive toujours être absolue et annuelle, et avoir des retours réguliers et périodiques.

En supposant la terre mise en état de culture convenable, et soumise à des cours de moissons raisonnés et réguliers, la jachère d'hiver n'exclut pas rigoureusement les productions pendant le reste de l'année, et celle d'été n'interdit pas davantage les cultures après cette époque.

Si la nécessité de choisir un temps convenable pour le charroi des engrais, des amendemens, et pour quelques opérations aratoires indispensables; si l'âpreté du climat, la crainte des débordemens, l'excès d'humidité, les précautions à prendre pour la faire disparaître, et quelques autres causes peuvent déterminer à suspendre un ensemencement que, sans ces motifs, on aurait pu faire avant l'hiver; rien ne doit empêcher qu'il n'ait lieu au printemps, dès que ces causes légitimes de retard n'existent plus.

Si l'aridité du sol, jointe à l'ardeur du climat et à l'impossibilité d'établir de bienfaisantes irrigations; si l'envahissement du champ par de nombreuses plantes vivaces et rustiques, à racines traçantes, articulées ou tubéreuses, qui sont toujours très-difficiles à détruire, nécessitent également une suspension d'ensemencement dès que les fortes chaleurs se font sentir; rien ne doit empêcher non plus qu'on ne profite des premières pluies de l'automne pour faire cesser cette interruption de végétation; et il existe un grand nombre de moyens variés d'y parvenir, selon la nature et l'état de la terre, et selon l'assolement que les convenances locales doivent déterminer à y suivre.

Si, dans le premier cas, après toutes les opérations préalables à l'ensemencement, on désire, comme on le doit, entretenir nette et meuble la terre qu'on a fertilisée pendant l'hiver; l'admission des plantes fourrageuses annuelles, lorsque celle des prairies artificielles n'est pas applicable aux circonstances locales ou momentanées, le fauchage en vert, la consommation sur place, l'introduction des plantes destinées

à être converties en engrais végétal , et sur-tout
les cultures en rayons , qui rendent le nettoiement et l'ameublissement si faciles , si expéditifs
et si peu coûteux, tiendront meubles et nettes les
terres compactes et argileuses, et les prépareront
beaucoup plus avantageusement pour la récolte
suivante, toutes les fois qu'elles seront praticables, que ne le ferait la jachère absolue, toujours
dispendieuse et improductive. Quant aux terres
meubles et siliceuses, la végétation qui les cou-
vrira, qui les ombragera, leur sera bien plus
utile que les labours d'été, qui ne servent quelquefois qu'à accélérer l'évaporation ou l'infiltration de la faible quantité de terre végétale
dont elles peuvent être pourvues, et qui les
détériorent souvent au lieu de les améliorer,
lorsqu'elles sont privées de végétaux utiles.

Si, dans le second cas, on a été contraint par
les circonstances à laisser la terre nue, exposée
aux ardeurs dévorantes de la canicule; dès que
l'état plus favorable de l'atmosphère donne le
signal des travaux et de l'ensemencement, on
ne doit point les différer. Ordinairement, plus
la végétation a été ralentie ou suspendue pendant l'été, plus elle est active en automne et au
printemps , et même assez souvent en hiver,
qui cesse d'être une saison morte et rigoureuse
pour les climats méridionaux.

Enfin, s'il se trouve quelques cas extraordinaires qui forcent rigoureusement le cultivateur à joindre la jachère d'été à celle d'hiver, ces cas ne peuvent être que rares, passagers et temporaires; ils ne détruisent et n'affaiblissent pas même les principes généraux, qui établissent que la terre doit rester nue le moins long-temps possible, et ils ne sont au plus que de faibles exceptions, qui ne doivent jamais autoriser à établir des retours fréquens et périodiques de non-valeur de la terre, puisque, avec un traitement convenable, elle peut fournir constamment à la subsistance de l'homme et à celle de ses animaux domestiques.

VII.

Examen des principales objections contre la suppression de la jachère absolue et complète.

Mais, disent les routiniers, partisans de la jachère complète et de rigueur, si on la supprime, où nourrir les troupeaux? Cette objection, qui est peut-être la plus commune, est peut-être aussi la plus absurde de toutes.

Vous voulez nourrir vos troupeaux!.... Au lieu de vous en rapporter exclusivement pour cet objet à la nature, qui fait souvent croître sur vos jachères un petit nombre d'espèces de végétaux, dont la plus faible partie peut servir d'alimens à vos bestiaux, épuisés en les cherchant après des trajets longs et pénibles, et fréquemment au milieu des intempéries de toutes les saisons, tandis que le plus grand nombre leur est ou inutile ou nuisible, ainsi qu'à la terre qu'ils occupent en vain, et qu'ils souillent quelquefois pour long-temps; préparez un choix judicieux des plantes qui sont les plus analogues à leurs besoins, ainsi qu'à la nature et à l'état de vos champs; semez-les successivement à des époques différentes; et, soit que vous les fauchiez en vert, pour les faire consommer à l'étable, lorsque vous le croirez convenable, soit que vous les fassiez consommer sur le champ même, lorsque les circonstances le permettront, vous vous procurerez en tout temps et à peu de frais une abondante et suffisante provision de nourriture verte, qui, au lieu d'infester vos terres et de fatiguer vos bestiaux, comme le fait l'herbe de vos jachères, réunira encore le triple avantage, tout en les nourrissant beaucoup mieux, d'ameublir, de nettoyer et de fertiliser tout-à-la-fois, par ses débris, le sol qui sera consacré à sa véritable destination.

Mais, disent-ils encore, en supprimant ces

jachères, que nos pères ont si religieusement respectées, le temps pourra nous manquer pour faire tous les travaux préparatoires aux semailles d'automne, tandis que nos animaux de labour auront été sans occupation entre la fin des semailles de mars et la moisson, intervalle que nous employons si commodément à cultiver nos terres délaissées.

Sans doute, ces inconvéniens graves, dont nous connaissons bien les fàcheux résultats, pourront arriver avec un assolement vicieux, qui, en plaçant tous les ensemencemens à deux époques de courte durée, forcées et régulières, admet tous les travaux urgens à des périodes fixes et immuables, sans avoir aucun égard à une juste distribution de ces travaux, qu'on ne peut réellement établir d'une manière facile et exempte d'inconvéniens, qu'avec une variété convenable de récoltes alternatives, d'inégale durée de végétation, et de consommation différente et successive. Mais si, comme cela doit toujours exister en bonne culture, on a eu la prudence d'intercaler ses ensemencemens, de manière que la consommation sur le champ même, ou l'enfouissement, lorsqu'il est nécessaire, ou la récolte enfin, ait lieu à des époques suffisamment rapprochées, les hommes et les animaux domestiques auront toujours assez d'occupation, et aucune opération ne se trouvera ni suspendue, ni retardée, ni précipitée, ni forcée, et encore moins faite à contre-temps et à contre-sens.

Après avoir prouvé la futilité des deux principaux argumens qu'on allègue souvent en faveur de la jachère absolue, il nous reste à examiner un point de fait assez important. Il consiste à savoir si réellement les deux récoltes que l'on obtient dans la routine triennale, après une année de jachère, n'équivalent pas, pour le produit net, tous frais comparés, aux trois qu'on aurait pu obtenir, en remplaçant cette année de non-production par une récolte résultant d'un ensemencement; ou bien si, dans les assolemens dans lesquels une jachère complète est constamment alternée avec une seule récolte, cette récolte n'indemnise pas suffisamment de la perte d'une année; ou, enfin, si, dans tous les cas possibles, un moindre nombre de récoltes, supposées individuellement meilleures, ne compense pas amplement un plus grand nombre, supposées moins bonnes, obtenues de la même manière et dans le même espace de temps donné.

Quelque éloignés que nous soyons, d'après une longue expérience, de vouloir supposer qu'avec de bons assolemens on doive admettre, d'une manière générale, que, dans des circonstances égales d'ailleurs, un moindre nombre de récoltes, dans un temps limité, puisse procurer des résultats aussi avantageux qu'un plus grand nombre, dans le même espace de temps; cependant, comme ces résultats peuvent bien avoir lieu quelquefois avec des assolemens vicieux, nous pourrions encore les supposer probables dans quelques cas, sans que cette circonstance fût un motif suffisant pour autoriser la jachère rigoureuse, telle que nous l'entendons ici.

En admettant, d'après cette supposition, si l'on veut, ce qui est loin d'être prouvé, qu'en exigeant de la terre des productions chaque année, par la suppression de la jachère, sans employer toutefois le meilleur assolement possible, on ne doive pas obtenir en général des résultats définitifs plus avantageux qu'en la conservant; en admettant encore qu'en n'exigeant, par exemple, dans un espace de neuf années, sur un hectare de terre, que trois récoltes de froment ou de seigle, puis trois autres d'avoine ou d'orge, suivies immédiatement de trois années de jachère, conformément à la routine triennale qui prescrit cet ordre : 1º. froment; 2º. avoine, et 3º. jachère, on puisse obtenir, en dernière analyse, autant de produit réel et de bénéfice net qu'en faisant, dans des circonstances parfaitement semblables, des récoltes consécutives non interrompues, ou de fourrages annuels, ou de pâtures, ou de prairies artificielles, ou de racines, ou enfin de toutes autres productions, diversement intercalées avec un nombre plus ou moins considérable de récoltes de froment et d'avoine, ou de seigle et d'orge, de manière à procurer neuf récoltes variées, au moins, et même plus ; en admettant tout cela, il existerait toujours une circonstance bien importante, qui militerait fortement en faveur du remplacement d'une année entière de non-produit par un ensemencement qui doit procurer un produit quelconque.

C'est l'incertitude dans laquelle le cultivateur se trouve nécessairement de savoir si ces récoltes, préparées si chèrement par le sacrifice d'une année entière, et par des travaux pénibles et dispendieux, ne deviendront pas la proie d'un de ces nombreux et redoutables fléaux, qui portent souvent tout-à-coup la désolation dans les campagnes, au moment même où le propriétaire d'un bien si peu assuré s'attend à recueillir le fruit de ses longues et coûteuses avances. En un instant, la grêle, les averses, les débordemens, les ouragans, les sécheresses et d'autres intempéries trop souvent éprouvées, jointes aux ravages non moins connus et non moins fréquens des animaux destructeurs des récoltes, peuvent anéantir son espoir ; et lorsqu'après une année de jachère, pendant laquelle il n'eût peut-être éprouvé aucun de ces inconvéniens, sa récolte se trouve détruite, le malheureux qui perd, par un seul accident irréparable, le revenu de deux années consécutives, se trouve souvent réduit à la plus affreuse misère, manquant des moyens indispensables à sa subsistance et à celle de ses bestiaux.

C'est sur-tout dans les cantons de nos départemens méridionaux, et dans quelques autres localités, où la jachère est quelquefois alternée avec une seule récolte, et où la majeure partie de ces fléaux se font souvent sentir, que les résultats en sont affreux.

A ce puissant motif de suppression de la jachère absolue, ajoutons-en un autre assez important encore. C'est l'avantage, trop peu calculé sans doute, qui résulte pour le cultivateur, de la prompte rentrée de ses avances, et la différence immense qui existe pour lui d'avoir au moins quelques produits chaque année, au lieu de les accumuler forcément avec ceux de l'année ou des années suivantes, sur lesquels il ne peut même compter que d'une manière bien précaire.

Il est évident, d'après ces faits incontestables, qu'il est d'une grande utilité d'obtenir de la terre des récoltes variées, toutes les fois que des circonstances impérieuses ne s'y opposent pas.

Cependant, si de puissans motifs nous paraissent se réunir pour commander généralement la suppression de la jachère absolue, il ne faut pas croire qu'en la supprimant on puisse exiger constamment de toutes les terres des productions abondantes, et encore moins des récoltes complètes très-épuisantes. Cette fausse supposition est une des principales causes qui, en occasionnant des non-succès, s'est souvent opposée et s'opposera toujours à la suppression efficace et durable de ce prétendu repos de la terre.

Sans doute, si après avoir obtenu une récolte abondante et très-épuisante de froment, par exemple, on en exige immédiatement une seconde de même nature, en seigle, en avoine, ou en orge, ou en tout autre produit équivalent par ses résultats pour la terre, et qu'ensuite on veuille encore obtenir une troisième récolte complète, fût-elle d'une plante naturellement

peu épuisante, telle que la plupart de nos légumineuses annuelles, au lieu de se borner,
dans l'année de jachère, à un simple pâturage
artificiel, à une récolte verte fauchée de bonne
heure, ou à quelque produit semblable, qui
exige peu de la terre, et laisse le temps de la
préparer convenablement pour la récolte suivante, elle se sentira nécessairement plus ou
moins de l'influence défavorable que les récoltes
précédentes auront exercée sur la terre. Le froment qu'on désirera obtenir à la quatrième année, perdra de quantité et de qualité, parce
qu'aucune de ces récoltes n'aura pu, même avec
l'engrais ordinaire, réparer complétement les
soustractions fortes et répétées qu'elles auront
nécessairement occasionnées, et parce que la fécondité de la terre a une mesure qu'il ne faut pas
outre-passer, mais que l'art du cultivateur doit
tendre constamment à maintenir dans un juste
équilibre, par une rotation sagement combinée
de cultures exigeantes et restituantes, comme
celle que nous indiquerons plus loin.

Mais si, au lieu d'exiger avidement, sans intermédiaire, une série de produits qui épuisent
et souillent ordinairement beaucoup la terre,
par la manière dont ils sont obtenus, on les eût
prudemment alternés avec d'autres cultures amé-

liorantes et réparatrices , comme celles que nous avons désignées en développant nos principes d'assolement ; telles que les cultures en rayons, sur-tout, qui exigent de nombreux et rigoureux sarclages, houages, binages, buttages, etc. ; l'enfouissement des plantes cultivées comme engrais végétal, et de plusieurs autres que les circonstances doivent indiquer, et qui produisent le même effet, alors on eût conservé constamment la terre nette et féconde. Ce n'est jamais que par l'abus qu'on fait du bon état dans lequel elle se trouve, ainsi que de sa faculté de produire, qu'on la réduit à la triste position qui ne lui permet plus de donner que des produits faibles , mélangés de plantes nuisibles. Enfin, ce n'est qu'après en avoir trop exigé d'abord qu'on se trouve placé dans la dure nécessité de l'abandonner ensuite , ou dans l'impossibilité d'en obtenir des produits abondans, réellement utiles et profitables.

En admettant qu'il y ait quelques cas, pour les terres nettes et très-fertiles sur-tout, où le cultivateur puisse et doive même quelquefois faire suivre consécutivement plusieurs récoltes épuisantes de graminées annuelles, ou de toute autre plante équivalente, il doit au moins accompagner le dernier ensemencement d'une prairie artificielle, laquelle, en prévenant le mal qui pourrait en résulter pour la suite, remplace avantageusement la jachère par une culture améliorante , ordinairement très-productive , et qui exige peu de frais ; tandis que la jachère , qui prépare souvent moins bien la terre pour les récoltes suivantes, coûte beaucoup et ne produit rien , d'où résulte une différence de la plus haute importance pour le cultivateur.

Une des principales causes qui paraissent autoriser la jachère absolue, c'est, sans contredit, la multiplication établie sur les champs qu'on croit devoir y soumettre, des plantes de toute espèce, nuisibles aux récoltes et qu'on a laissées s'y propager.

Sans doute, avant de supprimer la jachère, il faut d'abord supprimer ces myriades de plantes nuisibles dont la terre recèle dans son sein ou les semences , ou les racines vivaces et rustiques ; sans cela, le but sera toujours manqué; la suppression qu'on désire opérer ne sera jamais efficace, et elle produira souvent un effet diamétralement opposé à celui qu'on en attendra. Mais faut-il toujours que la jachère soit absolue, c'est - à - dire annuelle et complète, pour arriver à ce but ? Nous ne le pensons pas, et nous croyons qu'on peut encore généralement tirer un parti avantageux de la terre, même dans cette position critique, que tout bon cultivateur peut d'ailleurs ordinairement éviter.

Ce qui prouve, d'une manière irrésistible, que la terre, réduite par l'incurie du cultivateur à ce fâcheux état, possède encore assez de substance alimentaire pour fournir à des produits abondans, c'est, comme nous avons déjà eu occasion de l'observer, cette végétation de plantes croissant naturellement, spontanément, et souvent très-vigoureusement, qui démontre qu'elle a bien plus besoin d'être *nettoyée* que *reposée.* Eh bien! puisque la nature elle-même décide négativement la question de son épuisement, par ces productions aussi multipliées et quelquefois aussi abondantes qu'elles sont nuisibles, au lieu de la tourmenter par des opérations aratoires, coûteuses, improductives, et ordinairement même commencées trop tard pour opérer complétement l'effet qu'on en espère, pourquoi ne pas chercher à remplir tout-à-la-fois le double objet de la nettoyer et d'en tirer quelque production utile? Au lieu de ne l'ouvrir par un premier labour qu'après la terminaison des semailles de mars, ce qui se pratique très-souvent, et ce qui la laisse pendant six mois au moins, depuis la dernière récolte, dans un abandon réel, qui

assurément ne contribue en aucune manière à
son nettoiement, ni à son amélioration, et qui
produit généralement l'effet contraire; pourquoi ne pas arranger son assolement de manière
qu'on puisse avoir le temps de lui donner, immédiatement après cette récolte, un labour léger, avec un instrument convenable, tel que le
scarificateur, ou le *binot,* ou la simple *ratissoire*
à cheval, ou un araire, ou tout au moins un fort
hersage équivalent, avec une herse à dents de
fer, qui, en déterminant la germination des
semences, naturellement disséminées alors sur
le sol, et auxquelles on peut encore en ajouter
d'autres bien choisies, remplisse également ce
double but du nettoiement et du produit, en
annulant des germes nuisibles d'une part, et
de l'autre en fournissant, dans l'arrière-saison,
ou au printemps, un pâturage très-utile, dont
la consommation peut être suivie immédiatement d'un nouveau labour, avec les mêmes objets en vue?

Si la terre se trouve infestée de racines vivaces
que les chaleurs seules puissent détruire, sur-
tout sur les terres humides, on sera toujours à
même d'opérer très-efficacement leur destruction, en réitérant, au milieu de l'été, les labours
et les hersages indispensables, et l'on n'aura pas

au moins, en nettoyant complétement la terre,
perdu une année entière en non-produit et en
frais qu'aucun revenu n'a pu compenser.

Nous ne saurions trop le répéter, le nettoiement d'un champ est généralement plus essen-
tiel encore que son engraissement : il est, aussi,
beaucoup plus difficile à effectuer ; il exige plus
de temps et plus de dépenses, et il exerce sur
les récoltes une influence beaucoup plus directe
et plus importante pour le cultivateur. En vain
il l'engraissera, il l'amendera et le préparera
par tous les moyens qui sont en son pouvoir ;
s'il néglige celui-là, qui est le premier de tous,
et sans lequel tous les autres produisent toujours des effets incomplets, son objet ne peut
être rempli. Les semences qu'il confiera à la terre
seront toujours étouffées, ou affamées au moins,
par celles qu'elle recélait antérieurement dans
son sein, et qui, à raison de cette antériorité,
et à cause d'un plus grand rapport de convenance qui existe entre elles et le sol dont elles
étaient les productions naturelles et sponta-
nées avant sa mise en culture, tendent sans
cesse à recouvrer leurs droits, et se trouvent généralement dans des chances beaucoup plus favorables à leur développement et à leur multiplication que celles qui ne peuvent être considérées que comme étrangères et adoptives.

Pour être réellement propriétaire de son champ, le cultivateur doit donc toujours s'attacher rigoureusement à en chasser les anciens possesseurs, c'est-à-dire les végétaux que la nature y avait disséminés; et s'il veut en faire la conquête sur elle d'une manière durable et avantageuse, il doit éviter scrupuleusement tout ce qui pourrait amener le retour de ces redoutables ennemis. Il doit déployer toutes les ressources de son art pour arriver à ce but, sans annuller les produits; car ce n'est que par ce moyen qu'il pourra se soustraire efficacement à l'improductive et ruineuse jachère.

Maintenant, si l'on suppose que la terre ait absolument besoin qu'on rétablisse les déperditions de substance que lui ont occasionnées les soustractions réitérées faites par les récoltes précédentes, et qu'on n'ait à sa disposition aucun des engrais ordinaires qu'il faudrait lui restituer pour rétablir cet équilibre qui devrait toujours exister; nous ne voyons pas encore, dans cette fâcheuse circonstance, la nécessité de l'abandonner à elle-même, pendant un laps de temps plus ou moins long, pour réparer cet épuisement. L'homme peut faire ici beaucoup plus promptement ce que la nature opère lentement, sous ses yeux, en profitant des leçons utiles qu'elle lui donne.

Quel est en effet le moyen qu'elle emploie pour rendre propre à la culture un terrain que l'insatiable avidité de l'homme, jointe à son ignorance, est parvenue à stériliser? N'en doutons pas, c'est de le couvrir insensiblement de végétaux dont les débris annuels et successifs forment ce terreau qui est la base essentielle de toute végétation. Eh bien! confiez à cette terre épuisée des semences d'une valeur peu élevée, qui, dans leur premier âge, soutirant de l'atmosphère une grande partie de leur nourriture, en exigeront d'autant moins de la terre. Lorsque ces végétaux la couvriront d'une épaisse verdure, au lieu de vous laisser séduire par l'appât trompeur d'un léger bénéfice apparent et temporaire, sachez respecter ce produit; consacrez-le à la restauration de votre champ, qui vous le rendra avec usure, et réitérez cette opération aussi souvent que les circonstances le permettront dans la même année : quoiqu'elle se passe pour vous sans bénéfice apparent, vous recueillerez au centuple, par la suite, les avances que vous lui aurez faites, et ce cas rigoureux est peut-être le seul où il soit permis de ne rien exiger de la terre que pour elle-même. Mais tout cultivateur réellement instruit sur ses véritables intérêts, tout père de famille qui vise bien moins aux produits momentanés et présens qu'à assurer à perpétuité ceux de l'avenir, ne réduit jamais sa terre à cette situation extrême, qui caractérise toujours le mercenaire avide et l'ignorant routinier.

Enfin, si la nature compacte et argileuse du sol exige indispensablement des labours et d'autres opérations aratoires, répétées dans la saison la plus chaude de l'année, pour l'ameublir complétement, pour la purger des plantes nuisibles, et la préparer ainsi à recevoir les ensemencemens d'automne; les cultures en rayons, soigneusement exécutées, et établies avec les plantes les plus appropriées à cette ingrate nature de sol, qui est réellement la plus difficile de toutes à traiter convenablement, et qui exige des exceptions aux règles, dans quelques circonstances particulières, heureusement fort rares, peuvent, dans un grand nombre de cas, procurer à la terre toutes les opérations propres à la nettoyer, à l'ameublir et à la fertiliser tout-à-la-fois, sans qu'on soit obligé de recourir au fâcheux expédient de sa nudité complète pour produire le même effet.

Mais, dans le cas même où l'on ne croirait pas pouvoir atteindre aussi efficacement le but qu'on a en vue, par le moyen productif que nous indiquons, et qu'un grand nombre de cultivateurs ont mis en pratique avec un plein succès sur plusieurs points, dans ces circonstances difficiles; nous ne pouvons encore y voir, en général, l'absolue nécessité d'une jachère complète de rigueur, puisque les opérations dont il s'agit n'étant réellement indispensables que dans la saison la plus chaude de l'année, ainsi que nous l'avons déjà observé, rien n'empêche que l'on n'obtienne assez souvent un produit quelconque de la terre avant cette époque. Ce produit peut être du fourrage vert de vesce d'hiver ou de toute autre plante, et au moins un pâturage formé avec des plantes choisies, semées immédiatement après la dernière récolte, lorsqu'on n'a pas pu ou qu'on n'a pas cru devoir les confier au sol plus tôt, c'est-à-dire en profitant pour cela de la culture qui doit précéder l'année de jachère; ou enfin un engrais végétal, comme nous venons de l'indiquer, formé par d'autres plantes également appropriées aux circonstances, et semées à la même époque, dans la vue de réparer, par le moyen le plus expéditif, le plus simple et le plus économique, les déperditions du sol, en les y enfouissant en fleurs, avant la saison consacrée aux labours d'été indispensables pour bien ameublir et nettoyer cette nature ingrate de terre argileuse et compacte.

Ainsi, dans tous les cas, sauf quelques exceptions qui ne peuvent détruire le principe, la terre ne peut exiger rigoureusement ici, comme on le voit, qu'une jachère incomplète et accidentelle, à certaines époques irrégulières et temporaires, et non un abandon absolu avec des retours périodiques réguliers, qu'il convient de bannir pour cet objet de tout plan de culture raisonnée.

Cela est si vrai, que dans le *Code d'agriculture de sir John Sinclair,* où il a cru devoir exposer successivement les motifs les plus puissans pour et contre la suppression de la jachère, dans les différens cas qui peuvent se présenter; après avoir reconnu pour celles des terres de l'Écosse sur-tout, qui, sous un des climats les plus ingrats, ont encore l'inconvénient d'être d'une nature argileuse très-compacte, laquelle les rend excessivement humides et froides, l'utilité de la jachère d'été, qu'un autre agriculteur distingué, *Robert Brown,* regarde comme indispensable tous les huit ans, dans ces circonstances extraordinairement défavorables; cet agronome s'est empressé de consigner dans le *supplément* qu'il a joint à son ouvrage, comme un correctif de cet aveu, un mémoire fort instructif d'un des agriculteurs les plus éclairés de la Grande-Bretagne, dans lequel il prouve, par des calculs incontestables, la supériorité de la vesce d'hiver, sur la jachère d'été, *même sur les terres fortes*, dans les districts méridionaux de l'Angleterre (1).

CONCLUSION.

De tout ce qui précède, nous nous croyons autorisés à tirer cette conclusion : S'il est démontré que le besoin de procurer aux bestiaux une bonne nourriture en tout temps, et la difficulté de suffire en temps convenable aux opérations aratoires nécessaires à la préparation de la terre, comme aussi la nécessité d'ameublir et de nettoyer les sols compactes et argileux, sont de vains prétextes pour soutenir la nécessité rigoureuse de *la jachère absolue*, puisqu'il existe des moyens plus simples, plus naturels, plus courts, plus avantageux et moins dispendieux de pourvoir à ces divers be-

---

(1) Voyez *The Code of Agriculture*, etc., appendix, n°. VI. — *Calculations to prove the superiority, of cultivating winter tares, instead of a summer fallow, even on strong lands, in the southern districts of England.* By John Middleton, Esq.

soins ou de les prévenir ; s'il est également démontré que la dissémination naturelle des semences étrangères au but du cultivateur sur son
champ, et son envahissement par les racines
vivaces, traçantes, d'une extirpation et d'une
destruction difficiles, sont avec l'épuisement de
la fécondité du sol, opérés par des récoltes successives très-exigeantes, lesquelles occasionnent
de fortes soustractions de la substance alimen-
mentaire, les causes premières et principales qui
peuvent amener à cette jachère ; il est évident
qu'en prévenant ces inconvéniens, comme on
doit toujours le faire, par une culture soignée
et raisonnée, ou, enfin, en les réparant promptement par toutes les opérations aratoires nécessaires et par les engrais suffisans, on peut la
rendre complétement inutile, dans le sens qu'on
attache ordinairement à ce mot. Toutes les fois
donc qu'un champ est net et fécond, on ne doit
le laisser sans produire que le temps rigoureusement indispensable pour le préparer, par les
meilleurs moyens aratoires, à donner de nouveaux produits, et pour en assurer le succès,
puisque le prétendu repos de la terre est une
chose absurde, complétement inutile, et très-
souvent nuisible.

SECONDE PARTIE.

I.

Exemples très-remarquables, qui démontrent la possibilité de supprimer la jachère, avec de grands avantages, dans les circonstances les plus défavorables.

Nous devons confirmer à présent, par une série de faits authentiques et incontestables, les vérités que nous avons cherché à démontrer par les détails qui précèdent, avant d'indiquer les moyens les meilleurs, selon nous, pour passer avec succès de nos assolemens les plus vicieux aux rotations les mieux raisonnées, établies d'après la pratique la plus éclairée, et basées par conséquent sur une expérience réfléchie, propre à entraîner à la conviction les cultivateurs qui peuvent encore être incrédules sur ce point.

Nous avons déjà rapporté, au mot ASSOLEMENT, du *Nouveau cours complet d'agriculture*, comme aussi dans la *Notice historique sur l'origine et les progrès des plans de culture les plus recommandables*, ainsi que dans les développemens de nos principes à cet égard, un grand nombre d'exemples frappans, qui nous ont été fournis par nos agriculteurs les plus instruits, par notre propre pratique, et qui mettent entièrement hors de doute la facilité avec laquelle on peut obtenir des terres arables, dans la plupart des cas ordinaires, avec les précautions convenables, une série non interrompue de productions utiles. Nous nous bornerons à les indiquer ici, en invitant à les consulter et en rappelant que nous en réunirons nécessairement beaucoup d'autres, à l'article SUCCESSION DE CULTURE, dont il conviendra également de prendre connaissance. Nous allons ajouter aux raisonnemens dans lesquels nous sommes déjà entrés, pour prouver l'inutilité et les inconvéniens de la *jachère absolue*, dans le plus grand nombre de cas, plusieurs faits nouveaux bien remarquables, suffisans pour convaincre toutes les personnes qui sont de bonne foi, de la possibilité et des avantages de sa suppression, même sur les terres les plus ingrates.

Nous ferons d'abord observer que les partisans les plus obstinés de cette *jachère de rigueur*, prétendent que l'exemple des cantons de la Flandre, de l'Artois, de l'Alsace, du Perche, du Dauphiné, de la Bresse, et des autres contrées de la France et de l'étranger, où elle a été abolie depuis long-temps sans retour, et avec le succès le plus encourageant, ne prouve rien pour d'autres pays, à cause de l'excellence du sol de ces contrées. Il nous sera très-facile de démontrer que cette objection, prise dans un sens général, est dénuée de fondement, comme on va le voir.

« La culture de la Campine, *contrée naturellement sableuse, stérile et ingrate*, offre, ainsi que l'observe avec raison M. le comte *Depère*, dans son excellent *Manuel d'Agriculture pratique*, la preuve de fait que les jachères peuvent être supprimées dans les plus mauvais sols, avec de bons assolemens. »

« La plaine du pays de Waës, *qui était autrefois un sable blanc stérile*, comme l'affirme aussi sir *John Sinclair*, dans l'intéressante *Relation* qu'il nous a donnée sur *l'Agriculture flamande*, a été convertie en une terre très-fertile par des assolemens raisonnés, au moyen desquels on obtient, dans l'espace de sept années que dure la rotation généralement adoptée, neuf récoltes au moins de plantes fourrageuses, céréales et industrielles, judicieusement alternées et rigoureusement sarclées. »

M. *Vanderfosse* nous dit expressément, dans la *Description d'une ferme, située dans les environs de Bruges*, sur laquelle il a supprimé la

jachère avec de très-grands avantages : « *le sol
sur lequel j'ai opéré était naturellement sablonneux, maigre, aride, et en creusant au-delà
de 5o centimètres, on y trouve constamment du
sable pur, et dans quelques endroits cette espèce
de croûte dure, composée de sable et de fer, qui
s'oppose à l'extension des racines pivotantes.* »

M. *Mondez*, dans ses *Notes sur l'abolition des
jachères*, publiées après une heureuse *pratique
de quarante-six années*, dans la plaine de Fleu-
rus, nous informe qu'il a opéré également « *sur
une terre médiocre, sur laquelle on l'avait fortement blâmé de vouloir supprimer la jachère, que
tous ses voisins regardaient comme indispensable.* »

M. le baron *Dewal* nous apprend encore, dans
un *Mémoire sur la culture et l'abolition des jachères dans les mauvaises parties de la province
de Namur*, que la terre sur laquelle son fermier
et lui sont parvenus à remplacer le prétendu
repos par d'utiles productions, au moyen d'un
plan de culture bien calculé, que nous avons
fait connaître dans le rapport imprimé par ordre
de la société royale et centrale d'Agriculture,
« *était d'une nature ingrate, sur laquelle la routine
triennale admettait consécutivement l'épeautre,
l'avoine et la jachère, dont tous les baux impo-
saient la loi aux fermiers.* »

Il est évident, d'après ce petit nombre de faits, auxquels il serait facile d'en ajouter d'autres de la même force, que si l'on voit d'excellens asso- lemens, sur les meilleures terres de la Flandre, ainsi qu'ailleurs, ils ne sont pas applicables seu- lement à des sols privilégiés, comme on l'a pré- tendu à tort, puisque nous les trouvons intro- duits avec succès *sur les terrains les plus ingrats.*

Mais s'il pouvait encore rester le moindre doute à cet égard, il serait complétement détruit par l'assertion positive de l'abbé *Man*, consignée dans l'*Introduction à l'Agriculture belge*, par *Schwerz*, et que nous devons rapporter ici. On se trompe, dit cet économe rural, après avoir administré long-temps, d'une manière exem- plaire, des domaines considérables dans le royaume des Pays-Bas, « *on se trompe lorsqu'on croit que le sol des provinces de la Belgique les mieux cultivées est naturellement fertile : il est certain, au contraire, que ce sol n'a pu devenir fécond que par une longue suite d'opérations plus ou moins coûteuses et difficiles.* »

Ce qui est bien remarquable, c'est ce que l'habile agronome *Schwerz* ajoute à cette asser- tion positive, d'après son expérience éclairée : « *En conséquence, tous les cultivateurs, dans tous les pays, peuvent obtenir des récoltes aussi riches*

*qu'on les obtient dans la Belgique, s'ils y em-
ploient autant de travail et de capitaux.* » Puis il
fait cette réflexion judicieuse, qui doit encore
trouver ici sa place : « *Hélas! on ne peut pas ce
qu'on ne veut pas; et il y a bien des terres qui
conservent la réputation de stériles, quoiqu'elles
ne le soient pas.* »

« On a donc le plus grand tort, ainsi que l'observe également M. *Pictet* par les notes qu'il a
ajoutées, dans le XIVe. volume de la *Bibliothèque
britannique*, au mémoire qui nous a fourni ces
précieux renseignemens, de répondre à des raisonnemens fondés sur des faits qui ne peuvent
être contestés, en attribuant les miracles de prospérité qu'on voit si fréquemment en Flandre,
à un sol excessivement fertile, puisqu'il ne le
devient réellement que par le plus bel ensemble
des procédés agricoles, et par l'activité la plus
industrieuse dont aucun peuple ait jamais offert
l'exemple. »

Nous nous sommes aussi assurés, avec MM. *Depère, Delgorgue, Jacquemont*, et plusieurs autres
observateurs exacts, que si quelques-unes des
parties de l'Artois, les plus remarquables par de
bons assolemens, offrent un sol fertile, il en est
d'autres qui présentent, sur des terres médiocres,
des exemples frappans des heureux effets de la

(85)

réunion d'un judicieux emploi des capitaux a
l'industrie la plus éclairée; et nous pouvons en
dire autant de l'Alsace, puisque nos propres
observations et celles de *Schwerz* nous y auto-
risent encore. Nous en citerons ici les preuves
les plus convaincantes.

On peut diviser l'Alsace, sous le rapport de
ses assolemens, en deux parties, dont celle qui
est située au-dessus de Strasbourg et qui tire
vers le nord suit une rotation biennale ou quadriennale; tandis que celle qui est vers le midi
et vers l'ouest suit une rotation triennale, également sans jachère, mais bien moins perfectionnée.

« *Le sol fort sablonneux et peu fertile* qu'on
rencontre, dit *Schwerz* (dans la relation qu'il
nous a donnée de ses curieuses observations sur
cette intéressante contrée), dans les environs de
Haguenau et Bisshwyler, sol si différent de celui
qui se trouve dans la partie méridionale de la
Basse-Alsace, pourrait faire soupçonner que la
mauvaise qualité du sol, jointe nécessairement
à une disette de fourrage, ait fait recourir les
cultivateurs au premier assolement, et certes
nulle part il ne se trouve plus à sa place que là. »

« C'est assez près de Strasbourg, dit-il plus
loin, en prenant la direction vers le nord, que

ce célèbre assolement, qui de nos jours est devenu si renommé par les écrits d'*Arthur Young*, de *Thaër*, de *Fellemberg*, et d'autres grands hommes, a lieu. Ce n'est pas un petit honneur pour l'Alsace de pouvoir exhiber des modèles en grand du plus parfait des assolemens, et de les avoir créés sans avoir eu de maître. Si l'utilité de ce système avait encore besoin d'un appui, nous enverrions les incrédules dans les cantons de Brumath, de Hausbergen, de Hochfelden, de Sultz, de Candel, etc., où il est introduit depuis un temps immémorial, et exercé généralement avec le succès le plus heureux. On y donne à ce système le nom d'*assolement de deux campagnes*, dont l'une porte des céréales, et l'autre des récoltes-jachères, et ainsi alternativement. »

Ajoutons que l'on trouve sur le territoire de Hoerdt, situé au nord de Strasbourg, et *composé d'un sable rouge très-mauvais*, comme le reconnaît encore *Schwerz*, ce curieux assolement sans jachère : 1°. pommes de terre; 2°. seigle; 3°. maïs; 4°. blé d'été; 5°. pommes de terre; 6°. seigle et navets; 7°. pois; 8°. blé d'été.

« C'est également dans les terres *généralement peu fertiles du Perche*, ainsi que l'atteste M. *Laurent*, dans son *Mémoire sur la suppression des jachères, par la culture alterne*, que les prairies

artificielles ont procuré des produits constans;
et cet avantage, ajoute-t-il avec raison, les attend par-tout où elles seront sagement établies
et convenablement intercalées avec d'autres cultures. »

M. *Menuret de Chambaud*, l'un des premiers
agronomes qui se soient occupés parmi nous de
la suppression de la jachère, et qui, après *plus
de vingt années de la pratique la plus heureuse*,
a obtenu la palme bien due à ses importans travaux, a introduit avec succès ses assolemens
raisonnés, comme il nous l'apprend lui-même
dans son mémoire couronné, par l'ancienne
Société d'agriculture de Paris, « *sur des terres
maigres de la plus mauvaise qualité.* » Il est parvenu, comme il nous le dit encore, à les transformer en fonds très-productifs, par la succession
variée et judicieuse des cultures, sur un domaine
situé dans une plaine aride du Dauphiné, sous
un soleil brûlant, où *une argile rouge, mélée de
sable,* formait le fond du sol, et n'admettait
dans la majeure partie que le seigle et l'épeautre,
qui donnaient des épis minces, courts et rares,
et où les mauvaises herbes, naissant de l'oisiveté,
comme les vices dont la société est infectée,
croissaient et se multipliaient sur les terres de
ses colons, dans l'année de jachère qu'il a remplacée si utilement. »

M. *Legrix de la Salle*, dans l'excellente notice qu'il nous a donnée sur la culture du domaine de Tustal, situé dans l'entre-deux mers, près de Bordeaux, atteste contre l'usage et l'opinion qui jusqu'à présent ont prévalu, « qu'il est certain » que le climat du département de la Gironde » ne s'oppose point à la *disparition totale des » jachères*, et que le cultivateur intelligent et at-» tentif à saisir les momens favorables, soit pour » préparer, soit pour ensemencer ses champs, » *pourra toujours les maintenir dans un état de » production permanente.* On voudra bien croire, » ajoute-t-il, que ceci n'est point une assertion » fondée sur un principe purement théorique : » nous parlons d'après notre expérience. » En effet, cet excellent agriculteur a complétement donné la preuve de son assertion, en obtenant constamment des produits avantageux et très-multipliés sur son domaine, composé d'environ 250 hectares de bois, vignes, terres labourables et prairies, « *sur un sol d'une qualité assez mé-diocre, susceptible néanmoins de donner presque tous les genres de produits, pour peu que l'art ajoute à la nature; sur lequel cependant la culture des routiniers est languissante, parce que le cul-tivateur, en général malaisé, ne fait rien pour améliorer son sort, et se traîne languissamment*

*dans les sentiers de la routine que lui ont tracée
ses devanciers.* »

Dans le département d'Indre-et-Loire, M. *Au-
bry–Patas* n'a pas hésité non plus à « *garantir
aux cultivateurs, d'après sa propre expérience et
l'assentiment des agronomes les plus distingués,
que, même en diminuant leurs frais de culture,
et en augmentant considérablement leurs produits,
ils pouvaient supprimer la jachère, non-seulement
sur les terres de bonne qualité, mais aussi sur les
terres sablonneuses dites varennes, sur les terres
argileuses, et même sur les landes et les bruyères,* »
en adoptant les rotations raisonnées qu'il leur a
indiquées dans un rapport sur les divers systèmes
d'assolemens qui conviennent à ce département.
Ce rapport a été adopté par la Société d'agriculture, imprimé et distribué par ses ordres.

En transcrivant ici les propres expressions
d'un des agriculteurs les plus instruits du département de l'Ain, lesquelles sont consignées
dans les excellentes *Remarques agronomiques
sur un voyage en Suisse,* insérées l'année dernière
dans le Journal d'agriculture de ce département,
nous dirons que « l'exemple de la Bresse, qui
renferme *beaucoup de sols médiocres, encore
plus de mauvais,* et où cette révolution dans la
culture (l'adoption des produits continuels) a

eu lieu, prouve que le système de culture productive qui supprime la jachère, n'exige pas
absolument un sol fertile. »

M. *de Gasquet*, correspondant du Conseil
d'agriculture, membre de la Chambre des dé-
putés, vient de nous remettre des renseignemens
fort intéressans, que nous publierons plus loin,
sur un assolement sans jachère, qui a été pour
lui, dit-il, une *source de prospérité*, qu'il a introduit *depuis quinze ans, avec un plein succès,
sur des terres sablonneuses* du département du
Var, et au moyen duquel il est parvenu à élever
considérablement le produit en grain, qui n'était
auparavant que de quatre pour un, en réservant
cependant, pour ses expériences comparatives,
*les terres les plus maigres et les plus éloignées,
sur lesquelles, de mémoire d'homme, on n'avait
vu porter des engrais.*

Sur le sol *généralement granitique* du département de la Haute-Vienne, où le cours des récoltes est l'assolement triennal avec quelques
exceptions tout aussi vicieuses; où la valeur
vénale des prés naturels est au moins double,
quelquefois même quadruple de celle des terres
arables; où l'on trouve dans tous les domaines
des pâturages mal soignés en général, et où la
culture par métayer, qui paraît s'opposer à

toute espèce d'amélioration, comme nous le verrons, ne permet pas que le colon entreprenne une dépense extraordinaire dont il n'est pas assuré de récolter le fruit; nous voyons un cultivateur intelligent, qui a inséré un aperçu instructif de l'agriculture de ce département dans le premier volume de la *Bibliothèque universelle*, nous déclarer qu'*il est évident que si l'on y introduisait un bon assolement, dans lequel les raves et le trèfle entrassent pour moitié, on pourrait considérablement augmenter les bestiaux et par suite les engrais.* Il nous apprend ensuite que, quoique la statistique du département porte le produit des terres à quatre et demi seulement pour la semence, *ses blés lui ont produit constamment de douze à quatorze, en suivant depuis huit ans cet assolement :* 1°. *raves, ou pommes de terre ;* 2°. *sarrasin et trèfle dessous ;* 3°. *trèfle ;* 4°. *blé.*

Dans le département des Basses-Alpes, nous voyons aussi MM. *Bermond de Vaulx* frères, substituer avec le plus brillant succès, près de Sisteron, au cours de culture généralement pratiqué dans ce département, dans lequel la jachère et le froment se succèdent constamment, où l'on pourvoit à l'entretien des animaux de labour par une prairie stable, *toujours insuffisante*, et par les pailles, et où de tristes ressources *em-péchent les moutons de mourir de faim* dans les hivers rigoureux, un assolement quadriennal on ne peut mieux calculé, « *sur une ferme couverte de pierres, hérissée de rochers, et dans un état de dégradation déplorable.* »

Ces habiles agriculteurs ont obtenu ce beau résultat, d'après leur rapport certifié par les autorités locales, « en intercalant judicieusement avec les céréales ordinaires les pommes de terre, les carottes, le maïs, le trèfle, et généralement toutes les plantes fourrageuses recommandées par leurs auteurs favoris, et en essayant d'abord prudemment sur l'un des quatre domaines, dont la réunion forme aujourd'hui leur ferme, *les plans que leurs amis effrayés s'obstinaient à traiter de ruineux.* »

Nous voyons encore, près de Briançon, M. *Faure,* l'un de nos agriculteurs les plus éclairés, correspondant du Conseil d'agriculture et de la Société royale et centrale, obtenir les mêmes succès de l'emploi raisonné des mêmes moyens, dans le département des Hautes-Alpes, *aussi remarquable par l'ingratitude du climat que par celle du sol.*

Nous devons rappeler aussi l'exemple non moins encourageant, consigné dans le développement de nos principes d'assolement, et qui nous a été fourni par M. *de Jumilhac*, du département de la Dordogne, dans une situation *également remarquable par l'ingratitude du sol et du climat.*

Nous avons eu l'avantage de visiter, cette année, l'exploitation exemplaire de M. *Bertier de Roville*, dans le département de la Meurthe, laquelle nous paraît très-propre à former un véritable institut agricole. Nous y avons vu, *sur des terres argileuses naturellement ingrates*, une rotation biennale de fèves et de céréales, établie depuis long-temps avec le succès le plus complet, et imitée avec le même succès, dans des circonstances semblables, par un cultivateur distingué des environs de Lunéville : mais ce que nous avons remarqué avec plus de plaisir encore, sur ce grand et bel établissement rural, c'est un assolement quadriennal, qui admet consécutivement la pomme de terre, l'orge, le trèfle ou la lupuline, et le seigle, *sur un sol désigné sous le nom très-caractéristique de grève, entièrement formé de cailloux roulés, déposés sur les rives de la Moselle, et qui était inculte*, avant que M. *Bertier*, auquel cette contrée est redevable d'un grand nombre d'améliorations importantes, eût conçu l'heureuse idée de le soumettre à cet assolement raisonné.

Nous avons également visité, peu de temps après, avec plusieurs agriculteurs très-distingués, MM. *Marant de Bulgneville*, le comte *de Gourcy*, le lieutenant colonel *Courant*, et le comte *de la Mire*, l'exploitation non moins exemplaire de M. *Chaillet*, près de Neufchâtel en Suisse; et nous avons constaté que sur un sol *excessivement pierreux et très-ingrat*, il obtenait constamment, depuis long-temps, au moyen d'une rotation sagement combinée et judicieusement variée d'après les circonstances locales, qui doivent toujours être prises en grande considération, les produits les plus abondans en sainfoin, qu'il regarde avec raison comme la base la plus solide de toutes ses cultures, en froment-lammas, qu'il préfère à tout autre, en pommes de terre, en orge, en trèfle, en carotte et en avoine élevée, *avena elatior*, dont il obtient plusieurs coupes, et qu'il a introduite avec beaucoup de succès sur son domaine. Il recueille ces divers produits consécutivement, en entretenant sa terre aussi nette que féconde, au milieu des terres épuisées et malpropres de ses voisins, qui observent encore la jachère.

Ajoutons à ces exemples concluans, qui sont bien loin d'être les seuls de cette nature que fournisse notre économie rurale, comme on le verra ailleurs, et qui répondent victorieusement à l'opinion très - erronnée que la suppression de la jachère n'est applicable qu'aux terrains de première qualité, celui que nous fournit également M. *Turck*, l'un de nos élèves les plus instruits, et l'un des membres les plus zélés de la Société centrale d'agriculture de Nancy.

Nous nous sommes assurés dernièrement qu'il est difficile d'imaginer un sol plus complétement stérile et une position plus défavorable que celle de son exploitation, située sur un plateau très-élevé, dans la commune de Sainte-Geneviève, près Nancy; et cependant, à l'aide du zèle le plus louable, soutenu et éclairé par la connaissance réfléchie des meilleurs procédés de culture et d'assolement, ce digne émule de M. *Mathieu de Dombasle*, qu'il a l'avantage d'avoir pour voisin, a introduit judicieusement un plan raisonné d'administration, qui lui donne les résultats les plus satisfaisans sur la totalité de ses terres, qui sont peu profondes, arides, couvertes d'une énorme quantité de pierres, et sans être obligé de recourir, comme ses voisins, à la misérable ressource de la jachère.

Ainsi donc, si dans les contrées les plus remarquables par la bonté des assolemens, on les trouve quelquefois établis sur des terres fertiles, il est incontestable qu'ils n'y sont pas exclusivement propres , comme l'ont prétendu quelques partisans de la jachère absolue, puisque dans un très-grand nombre de cas on les a introduits avec un plein succès sur les plus ingrates : ainsi , tous les faits négatifs qu'on chercherait en vain à opposer à ces exemples , et qui sont d'ailleurs souvent dus à des causes accidentelles et étrangères qu'on méconnaît ou qu'on ne veut pas voir, ne peuvent jamais détruire des faits aussi positifs et aussi avérés.

Nous renvoyons d'ailleurs, afin de ne pas surcharger cet essai de nouvelles preuves confirmatives des premières , à l'article Succession de culture du *Nouveau cours complet d'agriculture*, et spécialement aux mots Seigle, Épeautre, Sainfoin , Lupuline, Trèfle, Navette, Cameline, Sarrasin, Pommes de terre, Betterave, Vesce et Fève, toutes plantes au moyen desquelles un grand nombre d'agriculteurs , aussi zélés qu'instruits , sont parvenus , sur divers points, à surmonter les difficultés que leur présentait l'ingratitude du sol et du climat pour parvenir au but que nous avons en vue.

II.

Réfutation des principaux argumens allégués en faveur de la jachère.

Voyons maintenant si, malgré toutes ces preuves de la possibilité d'arriver, même dans les circonstances les plus difficiles, au résultat que nous désirons, la jachère complète ne serait pas d'une utilité réelle pour l'amélioration du sol.

Sans parler encore ici du prétendu *repos de la terre*, dont nous avons assez démontré l'absurdité, nous reconnaîtrons qu'un assez grand nombre de partisans de cette jachère admettent que, par l'exposition seule des molécules terreuses aux influences atmosphériques, elles se pénètrent de nouveaux principes utiles à la végétation, et que, par conséquent, plus on laboure la terre, plus ces principes y abondent.

Écoutons à cet égard la réponse de *Davy* :

« La jachère, ou la méthode d'exposer le sol à l'air, et de le soumettre à des opérations entièrement mécaniques, est une opération vicieuse considérée comme partie d'un système général d'économie rurale. Quelques agronomes ont supposé que l'atmosphère fournit à la terre des principes qui la fécondent; que ceux-ci, épuisés par la succession des récoltes, réparent leurs pertes et s'augmentent pendant que le sol se repose et qu'il éprouve l'action de l'air; mais cette supposition n'est pas exacte : les élémens dont il se compose ne peuvent se combiner avec plus d'oxigène qu'ils n'en renferment déjà ; aucun d'eux ne s'unit à l'azote, et ceux qui ont de l'affinité pour l'acide carbonique sont toujours complétement saturés dans les terrains soumis à cette opération.

» Il est vraisemblable que les idées vagues qu'on s'était formées autrefois sur l'usage du nitre et des sels nitreux dans la végétation, sont une des principales considérations qui ont maintenu la pratique des jachères d'été.

» Les mauvaises herbes enfouies dans le sol se décomposent peu-à-peu et fournissent une certaine quantité de matières solubles; mais on peut douter qu'un fond contienne autant d'humus lorsque le temps de la jachère expire, qu'au moment où il a reçu le premier coup de charrue. Il s'est formé sans interruption de l'acide carbonique par la réaction des principes végétaux et de l'oxigène de l'air, et la plus grande partie s'en dissipe en pure perte.

» Le soleil, qui darde sur la surface nue du

sol, tend à en dégager toutes les substances ga-
zeuses et fluides volatiles. La chaleur rend la
fermentation plus active, et c'est à l'époque où
il n'y a point de végétaux pour les absorber,
que les principes de la nutrition sont plus tôt
élaborés.

» Quand la terre n'est pas employée à produire de la nourriture pour les animaux, elle
devrait l'être à préparer des engrais pour les
plantes. C'est ce qui s'effectue au moyen des
récoltes vertes qui absorbent le carbone et l'a-
cide carbonique de l'atmosphère. Les jachères
d'été entraînent toujours une perte de temps
qui ponrrait être employé à la culture des végétaux.

» D'ailleurs, cette jachère n'est pas aussi profitable à la terre que celle d'hiver, où la force
expansive de la glace, la fonte graduelle des
neiges, et les alternatives de sécheresse et d'humidité, tendent à pulvériser le sol et à mélanger
ensemble les diverses parties dont il se compose.

» Dans la culture en lignes, substituée à cette
jachère, la terre est constamment propre. Les
plantes, disposées par rangées, n'opposent aucun
obstacle à l'extirpation des mauvaises herbes. La
récolte verte elle-même, ou les déjections des
bestiaux qui s'en nourrissent, fournissent les

7*

engrais, et les végétaux à larges feuilles alternent avec ceux qui portent des graines. »

Conformément à ses principes, nous voyons *Davy*, dans sa *Théorie des jachères*, déclarer « *qu'elles ne sont jamais une source nouvelle de richesses pour le sol; qu'elles servent uniquement à produire une accumulation de matières décomposables, qu'on peut se procurer par des moyens aussi sûrs et moins disvendieux; et qu'il est difficile d'imaginer un seul cas où un sol cultivé puisse rester en jachère pendant une année entière avec quelque avantage pour le cultivateur, si ce n'est pour la destruction des mauvaises herbes.* »

Écoutons encore sur ce sujet un de nos chimistes les plus distingués, M. *Drapier*.

Après nous avoir déclaré dans son *Mémoire sur les jachères*, inséré dans le premier volume des *Annales générales des sciences physiques*, que des expériences exactes et récentes lui ont prouvé que la terre proprement dite ne sert que de support aux végétaux, il ajoute cette réflexion judicieuse : « Le repos périodique contre lequel s'élève impérieusement une population croissante, est adopté pour réparer, *suivant une fausse croyance*, la perte des sels et des sucs nécessaires à la végétation. »

Ne pourrions-nous pas nous croire fondés à

affirmer, d'après ces assertions positives, ainsi que d'après l'état très-prononcé de fertilisation, procuré à la terre par l'existence des prairies, pendant laquelle elle n'est soumise à aucune sorte de remuement, qu'il est au moins douteux que les labours de la jachère exercent sur le sol aucune autre influence que celle de l'action mécanique reconnue par tous les agriculteurs? Mais en accordant encore, malgré cela, si l'on veut, aux opérations aratoires une véritable action chimique utile, nous serons, au moins, très-fondés à dire que les différens remuemens de la terre, auxquels on verra par la suite que nous la soumettons nécessairement pour la culture qui remplace cette jachère, équivalent pleinement à ces labours, dont le principal, sinon l'unique effet salutaire, est d'ameublir et de nettoyer le sol, qui ne peut être dans tous les cas pourvu d'une nouvelle portion d'humus que par la destruction des plantes nuisibles, et qui est bien loin d'ailleurs d'être toujours ameubli et nettoyé par ce moyen, comme cela serait à désirer, et comme il est certain qu'on peut y parvenir très-efficacement par l'emploi convenable des moyens simples et faciles que nous conseillerons de lui substituer.

On est donc forcé de reconnaître qu'il est pos-

sible d'obtenir, dans le plus grand nombre de cas, le principal objet qu'on a en vue, sans être obligé de se priver entièrement de récolte, sans fatiguer inutilement la terre, les hommes et les bestiaux par des labours nombreux et dispendieux; et nous rappellerons ici, à ce sujet, à ceux qui font consister toute l'agriculture dans le labourage, l'observation faite par plusieurs excellens observateurs agricoles, que *la France est trop labourée.*

Malgré ce labourage excessif, la terre n'en est souvent ni plus ameublie ni plus nettoyée, et nous en citerons une preuve incontestable. Nous venons de visiter, pour la troisième fois, les départemens de la Haute-Marne, de la Moselle, de la Meurthe, des Vosges et de la Haute-Saône; et nous avons encore vu, sur un très-grand nombre de points, la terre dans laquelle l'argile domine souvent, labourée trois fois tout au moins, dans l'année de jachère, sans que la herse ni le rouleau fussent employés pour l'ameublir entre les labours : de sorte que les mottes, quelquefois énormes et très-dures, qui se forment au premier labour, existent encore dans toute leur intégrité au dernier labour qui précède la semaille, et le défaut d'ameublissement du sol s'oppose à ce que les germes des plantes nuisibles

puissent se développer et être détruits ensuite.
Aussi les blés qui croissent sur des terres si mal
préparées, et ordinairement aussi mal fumées,
sont-ils généralement infestés de chardons, de
rougeoles ou mélampyres, de coquelicots, de
centaurées, de scabieuses, de caucalides, d'a-
grostides, et d'autres plantes très-nuisibles; et
les avoines, généralement très-chétives, sont
également infestées de mélilot et de moutarde
sauvage, qui y abondent souvent plus que l'a-
voine elle-même. Nous avons vu à la vérité, au
milieu de ce triste tableau, des champs assez
beaux de trèfle, de pommes de terre et de pois,
qui s'étendent chaque année au préjudice des
jachères, mais qui sont malheureusement encore
introduits dans un ordre vicieux, lequel s'oppose à ce qu'ils produisent tous les bons effets
qu'on pourrait en retirer. Espérons néanmoins
que les efforts réunis de MM. *Roger*, *Durand*,
Mathieu de Dombasle, *Turck*, *Bertier de Roville*,
Marant de Bulgneville, et d'autres agriculteurs
fort instruits, feront bientôt disparaître par-tout,
par leur encourageant exemple, ce fâcheux état
de choses.

Nous avouerons cependant que le défoncement du sol par divers moyens plus ou moins
économiques, quelquefois même à une assez

grande profondeur, peut souvent lui devenir fort utile pour faciliter le développement des racines, pour conserver une humidité très-favorable aux terres arides, et pour priver de leur excès d'eau celles qui sont trop humides. Nous trouvons cette pratique, à laquelle nous avons eu plusieurs fois recours nous-mêmes, adoptée avec succès en Flandre, dans le pays de Waës, en Suisse, par MM. *de Fellemberg, Crud* et *Pictet;* en Allemagne, par *Thaër;* en Angleterre, par le célèbre *Ducket;* en France, par M. le comte *Louis de Villeneuve*, et par plusieurs autres agriculteurs distingués. Mais ce renouvellement bien raisonné de la surface ne peut exiger la jachère partielle ou complète que dans un très-petit nombre de cas; et cette légère exception, ainsi que l'application d'autres amendemens majeurs et extraordinaires, ne peut affaiblir et encore moins détruire la règle générale dont il est ici question. L'emploi de la bêche, ou de tout autre instrument équivalent, est même employé dans un assez grand nombre de localités comme un bon moyen, dont nous ne parlerons plus ici, parce qu'il est pratiqué en général sur de trop faibles espaces, pour supprimer la jachère en renouvelant et en ameublissant fortement la surface du sol.

Il faut convenir, par conséquent, avec les premiers agronomes de l'Europe, que « la jachère morte, si l'on en excepte quelques cas très-rares, doit être absolument rejetée, sur-tout dans les pays peuplés » (1); « que dans l'état présent de nos connaissances, on doit pouvoir se passer presque par-tout de cette triste ressource, due en majeure partie à l'ancienne ignorance des cultivateurs » (2); « que cette routine s'est conservée dans des temps obscurs, de troubles, où l'agriculture tout entière était entre les mains de paysans plongés dans la stupidité et l'esclavage, sous l'inspection de la plus basse classe des gens libres, où les institutions que l'usage avait consacrées dominaient avec une puissance irrésistible sur les arts et les sciences, et où le plus léger doute élevé sur leur conformité avec les règles de la raison était envisagé comme une hérésie » (3); « que c'est en vain qu'on chercherait de grands profits dans l'*assolement triennal* qui admet cette jachère, parce que l'année où, loin de produire, le terrain coûte au contraire des frais de culture réitérés, absorbe la majeure

---

(1) *De Fellemberg.*
(2) *Pictet.*
(3) *Thaër.*

partie des bénéfices qu'on obtiendrait des deux autres ; que c'est avec raison que, dans les contrées où l'on ne connaît pas d'autre système de culture, les champs n'ont qu'un prix tout-à-fait bas, et qu'on envisage une grande proportion de terres arables, sur-tout si elles sont soumises au droit de parcours, comme une source de ruine pour l'économie rurale, et à la longue aussi pour le cultivateur ; que le misérable fumier qu'on retire, dans les exploitations soumises à cet assolement, du bétail nourri avec de la paille presque sans mélange, ne forme guère que du quart au tiers des sucs qu'une récolte passable doit absorber ; que cet assolement expose constamment ceux qui le suivent aux horreurs de la famine, puisqu'une grêle leur enlève en un moment tous ou presque tous leurs moyens d'existence, et que, sous les circonstances même les plus favorables, il ne remplit en aucune manière les vues qui paraissent lui avoir donné naissance; savoir, de procurer la plus grande quantité possible de produits farineux ; qu'enfin un système de culture dans lequel tous les produits sont à-la-fois exposés à un même fléau, est une combinaison monstrueuse en économie politique, proscrite par la raison et par l'humanité (1). »

____

1) *Crud.*

Ajoutons encore avec M. *Crud* « qu'il n'y a rien de mieux démontré aujourd'hui que la convenance de faire alterner les produits de différens genres, afin de ne laisser jamais la terre dans l'inaction, et d'obtenir ainsi une beaucoup plus grande quantité de denrées; qu'on peut considérer le système de culture, qualifié de *culture des grains*, comme n'existant plus que dans des localités où l'esprit d'observation et la vraie science agricole n'ont pas encore pénétré, puisque, à l'aide d'assolemens bien calculés, on obtient, de cette même étendue de terrain qui était autrefois exclusivement consacrée aux céréales et de celle qui était non moins exclusivement en pré, une quantité de produits pour la nourriture de l'homme et l'entretien du bétail tout autre que celle qu'on en retirerait sous le *système de culture des grains.* »

C'est parce que les Sociétés d'agriculture, qui se sont heureusement multipliées dans tous nos départemens, ont été bien pénétrées de ces importantes vérités, que la plupart d'entre elles se sont occupées avec succès de la diminution des jachères sur le territoire qui les environne; et nous devons ajouter ici à toutes celles de ces sociétés que nous avons déjà signalées dans notre *Notice sur les assolemens raisonnés,* celle de l'ar-

rondissement de Dunkerque qui, après avoir
déclaré que « par la suppression des jachères on
a augmenté d'un tiers les produits annuels de la
terre, » vient de proposer des prix aux cultivateurs qui rendront le plus de terres à la culture
par cette suppression ; celle du département des
Deux-Sèvres, dont le savant et zélé secrétaire,
M. *Jozeau,* vient aussi de publier, dans le premier cahier des *Annales d'agriculture* de ce département, une *Notice sur les divers modes d'assolement en usage dans le département des Deux-
Sèvres, et sur les progrès que l'agriculture y a faits
depuis quelques années, et les améliorations qu'il
lui reste encore à recevoir sous ce rapport.* Cette
utile production renferme des principes excellens, des faits instructifs, de sages conseils pour
supprimer avantageusement la jachère ; et l'on
y trouve aussi plusieurs exemples remarquables
d'améliorations déjà opérées en ce genre. Nous
devons encore citer la Société d'agriculture de
Besançon, qui, sur une ferme-modèle, confiée
au zèle et aux connaisances de M. *Bruant,* a cru
devoir présenter aux agriculteurs l'exemple d'un
assolement raisonné ; ainsi que celle de Boulogne-sur-mer, qui vient d'ajouter aux récompenses qu'elle avait déjà promises aux cultivateurs qui perfectionneraient leurs plans de cul-

ture, de nouveaux prix *pour le meilleur mémoire sur l'assolement et la rotation des récoltes dans les diverses communes d'un canton du département.*

Cependant, malgré toute l'évidence de ces vérités, on n'en a pas moins reproché à la culture alterne perfectionnée de compromettre la production annuelle des subsistances de première nécessité, sans pouvoir toutefois en apporter la moindre preuve positive ; mais les heureux résultats obtenus par-tout où l'étendue des jachères a diminué d'une manière très-sensible depuis cinquante ans et plus, et où le produit des grains s'est accru dans la même proportion avec la population (car la masse des subsistances est toujours la mesure certaine du nombre et de l'instruction des hommes), répondent victorieusement à ce reproche. En effet tout l'art d'assurer ses subsistances consiste, comme nous le verrons plus loin, à mettre les prairies, les plantes sarclées et le nombre des bestiaux en rapport parfait avec l'étendue des terres à cultiver et le besoin d'engrais nécessaires pour le faire avantageusement, au lieu de s'exposer inévitablement à manquer d'engrais, faute de prairies artificielles, de cultures sarclées, et par conséquent de bestiaux.

Les cultivateurs qui connaissent bien cet art, que beaucoup d'entre eux ignorent encore complétement, s'accordent à confirmer l'aveu que vient d'exprimer de la manière la plus positive M. *Guédon de Lesmont,* agriculteur distingué de la Seine — Inférieure , lequel est à l'appui des faits nombreux que nous avons rapportés en développant nos principes d'assolement. « Quoique la quantité de terrain que je charge en blé et en avoine tous les ans, dit-il, soit moins considérable qu'elle ne l'était avant le genre de culture au moyen duquel j'ai supprimé la jachère, il n'en est pas moins vrai qu'après avoir compulsé les registres de mon père, j'ai acquis la certitude que mes récoltes en blé et en avoine surpassent de plus d'un tiers celles obtenues par l'ancienne méthode. » *Compte rendu des travaux de la Société d'agriculture de la Seine-Inférieure en* 1821, pag. 19.

On a rappelé aussi, en parlant de cette culture perfectionnée, une idée devenue banale, qui est plus captieuse que solide, et l'on a dit, *le mieux est l'ennemi du bien ;* comme si le mot *bien* pouvait encore être appliqué à une pratique quelconque, dès qu'un *mieux* certain est trouvé et doit lui être substitué, et comme si cette fausse maxime ne s'opposait pas directement à toute espèce d'amélioration.

On a également parlé, à cet égard, du *danger
des systèmes :* mais c'est l'expression favorite des
gens à préjugés et des esclaves de l'habitude, et
ce danger ne peut exister ici que dans leur ima-
gination. L'expérience bien raisonnée est le
grand juge sur cette matière; et la pratique la
plus ancienne n'est respectable que lorsqu'elle
est éclairée et confirmée par la théorie. Qui peut
d'ailleurs jamais assurer qu'il a atteint le plus
haut degré de perfection dans son art ? N'y a-
t-il pas, comme on l'a dit avec raison, dans le
perfectionnement possible des procédés agricoles, des ressources que nous sommes bien loin
d'avoir épuisées, et dont probablement nous ne
connaissons pas toute l'étendue? L'agriculture
n'est-elle pas aussi une science de faits et de
découvertes qu'il faut solliciter sans cesse par
de nouveaux efforts; et les principaux obstacles
qui s'opposent à ses progrès n'ont-ils pas leurs
racines les plus profondes dans les faux calculs
de l'intérêt, dans la force tyrannique de l'habitude, parce que les erreurs invétérées exercent
le plus puissant empire sur les hommes qui ne
peuvent ou ne veulent pas les soumettre au raisonnement?

Néanmoins, en vain quelques personnes voudraient encore retenir notre économie rurale

dans les langes de l'enfance et dans un isolement complet des sciences exactes, auxquelles elle appartient comme toutes les autres professions utiles. Leurs efforts pourront bien, à la vérité, retarder ses progrès sur quelques points ; mais ils ne parviendront jamais à les arrêter entièrement sur aucun : la force des choses s'y opposera toujours de la manière la plus sûre ; et tôt ou tard la vérité doit faire disparaître, sur l'important objet que nous discutons , les erreurs même les plus séduisantes.

Après ces réflexions, que la nature de notre sujet a amenées naturellement , passons à des considérations d'un autre intérêt.

III.

Exposé des puissans motifs qui existent maintenant pour chercher à se soustraire à la jachère.

De nouveaux motifs bien puissans se réunissent encore à tous ceux que nous avons déjà exposés , pour chercher à extirper, parmi nous, le malheureux plan de culture que nous combattons, et dont l'établissement, comme celui de la plupart des vieilles coutumes devenues impraticables aujourd'hui, a eu des motifs plausibles dans l'origine.

(115)

Maintenant que, par l'effet nécessaire de plusieurs causes majeures, la valeur intrinsèque
du sol est considérablement augmentée presque
par-tout, et que le prix de la main d'œuvre,
ainsi que celui de la plupart des objets de consommation, l'est aussi et doit l'être dans la même
proportion; il est devenu indispensable de s'efforcer de se procurer, par de meilleurs moyens
que ceux qui existaient avant ce nouvel état de
choses, la plus forte masse de nouveaux produits avantageux, et de le faire le plus promptement, le plus sûrement et le plus économiquement possible, afin de pouvoir maintenir le
rapport nécessaire entre la recette et la dépense :
on ne peut y parvenir, sans nul doute, que par
la culture perfectionnée.

D'un autre côté, l'accroissement énorme des
impôts de diverses natures exige encore que le
cultivateur accroisse également ses revenus,
pour pouvoir acquitter ses nouvelles dettes ; et,
comme l'observe avec raison M. le comte *de
Germiny*, « pour satisfaire aux divers tributs que
chacun à l'envi s'empresse d'en exiger, l'agriculture a besoin de toutes ses ressources, toutes lui
sont nécessaires. »

En troisième lieu, la population s'accroissant
prodigieusement aussi, depuis près d'un demi-

siècle, c'est-à-dire depuis l'origine des améliorations agricoles les plus importantes, le travail
et les productions territoriales doivent s'accroître
encore dans la même proportion, si l'on veut
éviter et prévenir efficacement les disettes, les
émigrations, et tous les maux de cette nature,
que le défaut de l'équilibre qui doit toujours
exister entre la consommation et la reproduction, entraînerait inévitablement après lui : l'augmentation des besoins nécessite donc celle des
ressources. Déjà un écrivain célèbre en économie
politique établit que, la multiplication de l'espèce
humaine surpassant de beaucoup en Europe la
quantité de subsistances qu'on peut raisonnablement espérer du territoire qui la nourrit avec
les procédés actuels, il doit en résulter bientôt
les plus grands malheurs ; et cette fâcheuse circonstance, si elle était rigoureusement démon-
trée, pour certaines années au moins, exigerait
impérieusement que ces procédés fussent avantageusement modifiés le plus tôt possible.

Après l'exposé de ces nouvelles considérations, sur lesquelles il est inutile de nous étendre
davantage, passons à l'examen des principales
causes qui ont retardé jusqu'à présent et qui re-
tarderont encore, pendant quelque temps, les
progrès de la réforme que nous sollicitons ; et

examinons quels seraient les meilleurs moyens
de parer à ces graves inconvéniens.

IV.

*Examen des principaux obstacles qui peuvent en-
core s'opposer à la suppression de la jachère.*

Malgré la solidité des raisonnemens qui mi-
litent si puissamment en faveur de la suppression de la jachère, et malgré les faits nombreux,
authentiques et irrécusables, qui les appuient
de la manière la plus péremptoire, nous devons
avouer qu'un trop grand nombre de causes s'opposent encore aujourd'hui, parmi nous, à ce
que cette suppression devienne par-tout aussi
prompte et aussi assurée que cela serait à désirer dans l'intérêt bien entendu de l'agriculture; et nous devons signaler ici les principales,
en indiquant les meilleurs moyens à y opposer,
afin de hâter la destruction ou l'affaiblissement
au moins de ces causes, autant que les circonstances pourront le permettre.

Celles qui nous paraissent être les plus in-
fluentes et les plus générales presque par-tout,
sont le défaut d'instruction et d'aisance d'un
grand nombre de cultivateurs; la force de l'habitude d'anciens usages, spécialement de la vaine

pâture ; la grande division des propriétés ; la privation d'un Code rural ; la teneur même des baux, ainsi que leur courte durée ; la culture par métayers ; et sur-tout les erreurs graves que commettent beaucoup d'agriculteurs, soit par un calcul d'intérêt mal entendu, soit par l'ignorance dans laquelle ils sont des vrais principes, lorsqu'ils cherchent à se soustraire à la routine, dont ils reconnaissent les inconvéniens, et à passer brusquement, sans les précautions convenables, d'un assolement vicieux à une rotation plus productive et par cela même plus séduisante.

Nous allons examiner successivement ces divers obstacles à l'importante amélioration qui nous occupe, et voir quels moyens on pourrait leur opposer avec quelque espoir de succès.

PREMIER OBSTACLE.

Défaut d'instruction.

Le défaut d'instruction générale dans les campagnes, sur les objets qui en intéressent le plus les habitans, quoique bien moindre, il faut en convenir, qu'avant notre dernière révolution, n'est que trop réel et trop étendu encore.

Il tient à un grand nombre de causes plus ou moins puissantes, dont la destruction ou l'affaiblissement ne peut être que l'effet du temps, mais qu'il est possible de hâter cependant, d'abord par un plan bien réfléchi d'éducation primaire, dans lequel on ferait entrer un abrégé clair et concis des meilleurs principes d'économie rurale, et ensuite par de bons exemples d'administration agricole, donnés soit par le gouvernement lui-même dans des instituts ruraux, ou fermes expérimentales appropriées aux localités, soit par des propriétaires dont le zèle égalerait l'instruction et l'aisance, moyen le plus efficace de tous à nos yeux, et dont l'influence ne pourrait manquer d'avoir les plus heureux résultats, ainsi qu'une masse imposante de faits l'a déjà suffisamment démontré en France et chez l'étranger.

En attendant cette heureuse révolution, appelée depuis long-temps par les vœux de tous les amis de l'agriculture, nous regretterons, avec l'un de nos premiers agronomes, que « dans le pays de l'Europe le plus favorisé par la nature du sol et du climat, comme par le génie actif et industrieux de ses habitans, et où l'on n'aurait en quelque sorte qu'à vouloir pour faire sortir de la terre d'incalculables richesses, il n'existe aucune réunion puissante de moyens généraux dirigés vers ce but, et que le misérable système

des jachères, digne d'un siècle de barbarie, dé-
voue encore à l'inutilité sur un grand nombre
de points, le tiers et même quelquefois la moitié
des terres, en faisant languir la culture du reste.»

Nous ne pouvons nous dispenser de rappeler
ici, à cet égard, l'indication des moyens généraux ainsi que l'expression des vœux que nous
avons cru devoir consigner dans la préface de
notre *Excursion agronomique en Auvergne*,
pages 15 et suivantes, et dont l'accomplisse-
ment aurait incontestablement, selon nous, l'influence la plus heureuse et la plus prompte sur
la prospérité de notre économie rurale. L'expérience a déjà prouvé, dans plusieurs contrées,
que par-tout où l'on voudra recourir à ces grands
moyens, dont nous avons exposé les avantages,
on obtiendra promptement les résultats les plus
satisfaisans sous tous les rapports.

Nous dirons aussi que l'agriculture aurait incontestablement dû être le premier, et qu'elle a
été malheureusement le dernier de tous les arts
qu'on se soit occupé de perfectionner presque
par-tout, parce qu'elle a été entièrement abandonnée, pendant des siècles, comme un vil métier, à la classe la moins éclairée et la moins
aisée de toutes les nations. *Bernard Palissy*
publiait de son temps cette triste vérité, qui est

encore applicable aujourd'hui à un très-grand nombre de localités : *on laisse les pauvres ignares pour le cultivement de la terre, d'où vient qu'elle est souvent adultérée;* et ce fâcheux abandon a existé bien long-temps après lui. Ce n'est que depuis un trop petit nombre d'années que les savans et les capitalistes s'en sont occupés sérieusement, en considérant l'économie rurale comme une science du premier ordre, en essayant de la perfectionner et de la tirer du vague dans lequel elle était plongée, par l'application d'idées plus étendues et de conceptions plus profondes que celles du vulgaire, dont elle a cessé d'être regardée comme la propriété exclusive.

Aussi voyons-nous l'agriculture, considérée également comme science, faire maintenant de rapides progrès chaque jour; et elle doit nécessairement se perfectionner par-tout, en raison directe des progrès de la civilisation et des lumières, quoi qu'en puissent dire les incorrigibles routiniers et leurs ignorans défenseurs. Mais les esprits étroits et ceux qui ne sont que praticiens ou plutôt *usagers*, ne pardonnent pas à ceux qu'ils ne regardent que comme de simples théoriciens, de vouloir leur donner des leçons ou même des conseils; et ils se rejettent sur la longue pratique de cette routine qu'ils décorent du nom d'expérience, pour refuser de se rendre à l'évidence, ou pour blâmer ce qu'ils ne comprennent souvent pas.

C'est ainsi que l'ignorance, l'amour-propre et l'entêtement repoussent les innovations qu'ils ne veulent ou ne savent pas apprécier. L'homme, d'ailleurs, abandonne difficilement les habitudes et les opinions avec lesquelles il s'est familiarisé et pour ainsi dire identifié dès son enfance, qu'il a regardées comme incontestables et immuables. Il n'est pas du tout surprenant que la suppression des jachères éprouve encore aujourd'hui de la résistance et de l'opiniâtreté sur plusieurs points, de la part des ennemis de toute espèce d'amélioration, puisque ce sort a été réservé aux découvertes les plus utiles du siècle, comme l'inoculation, la vaccine, l'enseignement mutuel, et plusieurs autres inventions qui honorent l'espèce humaine, malgré leurs nombreux détracteurs.

Ne désespérons pas cependant de voir cet obstacle disparaître insensiblement ; car il s'est déjà considérablement affaibli. Espérons, au contraire, que l'expérience rectifiant de plus en plus la théorie, comme celle-ci perfectionne la pratique, ces seules bases solides de toute science exacte s'entr'aideront constamment, après avoir

été si long - temps isolées ; espérons qu'en regardant enfin l'agriculture proprement dite ,
bien moins comme un seul art que comme l'as-
semblage de plusieurs arts qui exigent du raisonnement et de l'étude, on ne la réduira plus
à la simple exécution des pratiques anciennes,
qui pouvaient être bonnes autrefois , mais qui
doivent être convenablement modifiées aujour-
d'hui pour se trouver au niveau de nos connaissances actuelles et de nos nouveaux besoins.
Comme l'observe judicieusement M. *Mathieu de
Dombasle*, « de toutes les institutions de l'homme,
il n'en est presque aucune qu'on puisse appeler
bonne ou mauvaise en elle-même et d'une manière absolue : elles ne puisent ces caractères
que dans leurs rapports avec les circonstances
des temps et des lieux. Il faut donc que chacune d'elles cède la place à d'autres , lorsqu'il
arrive que les circonstances qui lui ont donné
naissance ont cessé d'exister, et sont elles-
mêmes remplacées par de nouvelles combinaisons, qui peuvent donner à une disposition excellente pour un temps et un pays donné, tous
les caractères de l'institution la plus funeste,
dans d'autres temps et d'autres circonstances. »

Modifions, en conséquence, puisque les circonstances l'exigent , les assolemens qui pres-

crivent rigoureusement la jachère, en la laissant *pratiquer* encore, si nous ne pouvons l'empêcher, par ceux à qui l'instruction manque pour bien apprécier tous les avantages de la culture alterne perfectionnée ; mais faisons-le prudemment et graduellement, comme nous en verrons tout-à-l'heure la nécessité, et ne nous en rapportons pas exclusivement, pour l'exécution de cette réforme essentielle, à des régisseurs, directeurs, ou maîtres-valets, qui ne peuvent avoir le même intérêt que nous, ni les mêmes moyens de l'introduire efficacement. Visitons auparavant, s'il se peut, les contrées qui nous fournissent les meilleurs exemples à cet égard ; explorons les exploitations rurales des agriculteurs les plus renommés par leurs succès en ce genre ; apportons sur-tout à l'entreprise, une fois commencée avec les connaissances suffisantes, tout le zèle et toute la constance sans lesquels les meilleures opérations ne peuvent jamais complétement réussir ; et n'oublions pas que plusieurs tentatives de cette espèce n'ont manqué de succès que parce que les propriétaires n'y ont pas apporté toute l'activité, l'assiduité et la persévérance nécessaires en pareil cas ; qu'ils se sont permis des négligences très-préjudiciables, et qu'ils ont pensé qu'il suffisait de s'en occuper

légèrement et de temps en temps, quelquefois
même à une assez grande distance de leurs propriétés, pour obtenir tous les succès qu'ils dé-
siraient.

·DEUXIÈME OBSTACLE.

Défaut d'aisance.

Le défaut d'aisance, qui est presque toujours
une suite inévitable du premier obstacle à toute
espèce d'amélioration que nous venons d'examiner, puisqu'il résulte très-souvent du défaut
d'instruction, pourra encore disparaître, ou s'affaiblir au moins, avec cette première cause, dans
un grand nombre de cas; car il est de notoriété
publique qu'en Flandre, en Alsace, en Artois,
comme en Hollande, en Suisse, en Écosse, dans
le Palatinat, en Saxe, en Toscane et en Lombardie, la population, moins ignorante dans les
campagnes que dans la plupart des autres contrées de l'Europe, y est tout-à-la-fois plus aisée,
plus nombreuse, plus industrieuse et *plus mo-
rale,* circonstances qui méritent la plus sérieuse
attention de la part de tous les gouvernemens,
et qui parlent hautement en faveur du plan
d'instruction générale que nous avons indiqué,

sur lequel nous ne pouvons nous dispenser d'insister ici (1).

L'économie rurale des propriétaires aisés et instruits doit différer, pour la forme et le fond, de celle des malheureux esclaves de l'habitude, sans aisance et sans instruction, comme l'industrie perfectionnée du manufacturier riche et habile diffère de celle du simple ouvrier livré à ses faibles moyens pécuniaires et intellectuels ; mais elle demande, avant tout, à être appuyée sur les ressources nécessaires, pour ne pas rester stationnaire et pour faire des progrès rapides et complets.

On a dit avec raison que les améliorations en agriculture remontaient au temps de l'emploi

____

(1) « On remarque généralement, observe avec raison M. le comte *d'Ourches*, dans ses *Observations sur les moyens d'améliorer l'agriculture dans le Gâtinais, la Sologne, les Landes*, etc., que la culture prospère davantage dans les contrées dont les habitans des campagnes ont de l'instruction, que dans celles où ils croupissent encore dans une fâcheuse ignorance »; et il ajoute : « Le peuple ne sait pas lire dans le Gâtinais, la Sologne, les Landes, etc., et, dans la première de ces contrées, je n'ai pu trouver une seule personne qui sût écrire dans une paroisse entière. » A combien d'autres paroisses cette vérité est encore malheureusement applicable !

raisonné des capitaux par les propriétaires ruraux riches et instruits. C'est une des choses qui
manquent encore le plus à nos campagnes que
cet emploi raisonné des capitaux, qui a été si
utile à nos voisins pour le perfectionnement de
leurs procédés agricoles. Aucune amélioration
rurale de quelque importance n'est possible
sans les moyens pécuniaires suffisans; et, comme
l'exprime très-sensément un vieil adage qu'on
ne saurait trop répandre parmi nous, *pauvre
agriculteur, pauvre agriculture*. En effet, les perfectionnemens les plus importans de l'économie
rurale sont des moyens nouveaux d'obtenir des
produits nets plus considérables ; mais ils ne
peuvent se réaliser ces produits, dans le plus
grand nombre de cas, qu'en consacrant à l'exploitation une plus forte masse de fonds que
celle qu'on y destine ordinairement; et au lieu
de placer leurs bénéfices et leurs épargnes,
comme ils le font souvent, dans l'acquisition
de nouveaux fonds de terre, les cultivateurs
aisés auraient bien plus d'avantages à les employer à l'amélioration des anciens fonds par des
rectifications convenables dans les procédés de
culture. Il serait également de leur intérêt de ne
pas confondre, comme ils le font encore très-
fréquemment, la parcimonie avec l'économie ;

car autant la dernière est utile dans toutes les
entreprises rurales, autant une agriculture par-
cimonieuse devient préjudiciable à ceux qui s'y
livrent, en s'opposant directemeut au développement complet de toutes les ressources qui as-
surent les grands succès.

En général, le défaut de moyens pécuniaires
est un puissant obstacle à la suppression des
jachères, parce que cette suppression exige plus
de bestiaux pour avoir plus d'engrais ; mais elle
fournit promptement aussi toutes les ressources
pour les bien nourrir, dès qu'on a pu se les procurer avec les moyens suffisans pour leur entretien, et lorsqu'on ne le peut pas, il vaut mieux
différer la réforme ; car il est certain qu'en se
livrant à cette entreprise, sans l'aisance comme
sans l'instruction nécessaires, on peut déprécier
une méthode excellente en elle-même, qu'on ne
doit jamais adopter qu'avec toutes les ressources
indispensables pour assurer son succès.

Convenons néanmoins qu'avec une activité et
une économie bien soutenues, aidées de l'intelli-
gence et des connaissances convenables, on peut
diminuer beaucoup cet obstacle, lorsqu'on ne
parvient pas à le faire disparaître entièrement,

comme plusieurs exemples frappans en ont fourni la preuve (1).

TROISIÈME OBSTACLE.

Force de l'habitude.

La force de l'habitude, à l'égard d'anciens usages, devient une autre cause très-puissante, qui, en retardant les progrès des lumières, s'opposera long-temps encore à l'extinction de la jachère.

______

(1) M. le comte *d'Ourches* dit encore, avec beaucoup de raison, en parlant du Gâtinais, de la Sologne, des Landes, etc. : « l'agriculture de ces pays restera dans le même état d'imperfection jusqu'au moment où quelques capitalistes éclairés verront qu'ils y peuvent placer leurs fonds avec plus d'avantage et de sécurité que sur les effets publics. Ce ne seront jamais les habitans, ajoute-t-il, qui pourront y faire prospérer l'agriculture. On ne sera plus surpris de cette assertion, lorsqu'on saura qu'un fermier s'y présente pour passer un bail d'une ferme de 200 hectares avec 1,000 francs d'avance ; à peine a-t-il de quoi acheter de vieux harnais : heureux encore de ce qu'il n'y a dans le pays que quelques juifs chrétiens, parce que les véritables ont trouvé le pays trop pauvre pour pouvoir l'exploiter ! Cet argument prouve assez sa misère, qui est la vraie cause de l'état d'engourdissement où s'y trouve l'agriculture. »

Nous signalerons ici particulièrement à ce sujet l'antique coutume de la *vaine pâture*, devenue excessivement abusive aujourd'hui, et qui a
pris naissance de la routine même que nous soumettons à l'épreuve du raisonnement et de l'expérience, ainsi que vient de le faire voir, de la
manière la plus lumineuse, M. *Mathieu de Dombasle*, dans le rapport vraiment national, aussi
instructif que savant, qu'il a fait à la Société centrale d'agriculture de Nancy, et qu'on lit avec le
plus grand intérêt dans le premier volume du
Recueil agronomique publié par cette Société.

Nous ne saurions trop inviter nos agriculteurs
à consulter ce précieux travail, lequel a les plus
étroites liaisons avec l'objet qui nous occupe,
et s'appuie sur les meilleurs principes et sur
les raisonnemens les plus solides. L'auteur, après
avoir fait ressortir tous les avantages de la culture alterne perfectionnée, démontre complète-
ment, ainsi qu'il le dit en résumé :

« 1°. Que l'augmentation de population dans
la plupart des états de l'Europe, les progrès du
luxe et de l'industrie, exigent nécessairement de
l'agriculture des produits plus abondans et plus
variés, et par conséquent la forcent d'adopter
des procédés différens de ceux qui ont été suivis
dans les temps anciens ;

2°. Que la découverte d'un grand nombre de plantes nouvelles qu'on a adaptées à la culture rurale exige également des combinaisons de culture différentes de celles qui avaient été créées pour la culture de deux ou trois espèces de plantes seulement, et qui y sont exclusivement propres;

3°. Que le droit de vaine pâture forme la chaîne la plus puissante qui retienne le cultivateur dans l'ornière de l'assolement triennal et des jachères, et par conséquent le plus grand obstacle à toute amélioration dans le système de culture, soit des terres arables, soit des prés;

4°. Qu'aujourd'hui non-seulement la vaine pâture est inutile pour l'entretien des bestiaux, mais qu'en la supprimant, on pourrait en entretenir un plus grand nombre et en tirer un plus grand profit, et une bien plus grande quantité d'engrais;

5°. Que ces assertions sont justifiées par l'exemple des cantons où la vaine pâture est supprimée déjà depuis long-temps;

6°. Que l'usage de la vaine pâture exerce sur la moralité des habitans des campagnes l'influence la plus funeste;

7°. Enfin que la suppression serait aussi avantageuse à la classe ouvrière et peu aisée des

campagnes qu'aux propriétaires et aux cultivateurs. »

« D'après toutes ces considérations, ajoute-
t-il, on ne doit pas être surpris de l'unanimité
avec laquelle les agronomes les plus éclairés de
toutes les nations civilisées regardent la suppression de la vaine pâture, par-tout où elle
existe encore, comme le besoin le plus pressant
de l'agriculture. »

Nous ne pouvons que réunir ici nos vœux à
ceux de M. *de Dombasle*, pour que ce puissant
obstacle à toute espèce d'amélioration rurale
disparaisse bientôt entièrement du territoire
français, et permette par-tout l'adoption des
pratiques raisonnées que nous recommandons.

QUATRIÈME OBSTACLE.

Morcellement des propriétés.

Après la vaine pâture, et avec ce reste bar-
bare de nos anciennes coutumes féodales, la
grande division des propriétés, et leur enclave-
ment dans les pièces qui en sont limitrophes,
outre qu'ils s'opposent fortement à une culture
aisée et économique, ainsi qu'au nettoiement
et au desséchement des terres, comme aussi à
l'irrigation des prairies ; qu'ils occasionnent or-

dinairement une perte de temps, de force et de semence, beaucoup plus considérable qu'on ne l'imagine généralement, et qu'ils nuisent considérablement à la surveillance et à la distribution convenable des travaux, sont également des obstacles majeurs à l'abolition de la jachère.

Essaie-t-on d'introduire, lorsqu'on est exposé à ces inconvéniens, un assolement raisonné qui s'écarte tant soit peu des usages locaux religieusement observés par la majeure partie des habitans de la contrée qui y est asservie? Nulle récolte ne peut être en sûreté au milieu des jachères et des chaumes qui entourent les champs soumis à un meilleur traitement; elle est inévitablement ravagée, malgré les moyens trop faibles, le plus souvent encore mal exécutés de la police rurale actuelle; et l'on se trouve forcé de retourner à l'ancienne routine, pour éviter les dégâts, les usurpations, les procès, les gênes, les difficultés, les rixes et les délits de toute espèce.

Rappelons ici sur ce point les vérités trop peu senties, en général, publiées par M. *Delpierre* jeune, propriétaire rural du département des Vosges, dans son *Mémoire sur les moyens d'amener graduellement et sans secousse la suppres-*

sion de la vaine pâture et des jachères par les prairies artificielles et les plantations.

« La lenteur des progrès de l'agriculture, dit cet ancien législateur, n'a pas toujours pour cause les préjugés ou l'ignorance du cultivateur ; elle tient, en plusieurs contrées, à la distribution du sol même sur lequel il trace ses sillons, ou à des pratiques générales à l'empire desquelles il ne peut individuellement se soustraire : par exemple, le morcellement des propriétés rurales, l'usage des parcours et des jachères, enchaîneront à jamais dans une foule de départemens le génie des imitations heureuses ou des innovations utiles. En vain, dans un territoire où les possessions sont divisées à l'infini, où les productions céréales sont sans cesse en proie aux ravages de la compascuité, où les terres les plus fertiles sont périodiquement condamnées à un repos qu'elles ne demandent pas, un agriculteur éclairé voudrait naturaliser les méthodes simples, économiques et fécondes, recommandées par l'expérience des nationaux et des étrangers : elles ne sont applicables qu'à un ordre de choses qui n'existe pas autour de lui ; le plan qui permettrait les réformes dont il sent la nécessité, qui admettrait les essais dont il a calculé les avantages, est encore dans les ombres du néant. Il faut donc que sa bonne volonté expire devant l'obstacle physique que la localité lui oppose, qu'il suive, malgré lui, le sentier étroit qu'ont tracé ses aïeux, que ses procédés soient esclaves quand sa pensée est libre, et qu'avec des lumières et des moyens de fortune il montre la langueur de la pauvreté et copie les allures de la multitude. »

Il n'y a, selon nous, de remède provisoire à ce mal qu'en pratiquant, comme nous avons engagé depuis long-temps la plupart de nos voisins à le faire avec nous, des *échanges temporaires, pour l'exploitation seulement,* qui se sont maintenus avec de grands avantages réciproques, et qui peuvent s'opérer, même entre fermiers, sans la moindre difficulté, en prenant toutes les précautions nécessaires pour établir les compensations convenables, relativement à la quantité, à la qualité, à l'état et à la situation des terres, en attendant que la législation permette à tous les propriétaires ruraux de faire des échanges permanens, sans être astreints aux droits énormes du fisc, qui s'y opposent dans le plus grand nombre de cas (1).

---

(1) On consultera avec beaucoup de fruit, sur les inconvéniens du morcellement des propriétés rurales, et sur les meilleurs remèdes à y apporter, l'excellent travail

CINQUIÈME OBSTACLE.

Privation d'un Code rural.

La privation d'un code rural est un nouveau fléau qui désole nos campagnes, et qui pèse de la manière la plus fâcheuse sur tous les cultivateurs, mais sur-tout sur la classe aisée et instruite, qui cherche à se soustraire à la routine et à surmonter les préjugés.

Depuis trop long-temps, ce code tant de fois promis, et pour lequel une grande masse de matériaux précieux a été préparée, est attendu avec la plus vive et la plus juste impatience; et nous sommes encore réduits, malgré les nombreuses réclamations adressées de toutes parts à ce sujet, à espérer que notre attente ne sera pas plus long-temps vaine, et que le gouvernement sentira enfin que le moment est arrivé de nous faire jouir de cet important bienfait.

Il contribuera de la manière la plus directe à la diminution des jachères, en écartant la plupart des difficultés qui s'y opposent, en appe-

de M. le comte *François de Neufchâteau*, intitulé *Voyages agronomiques*, etc., ainsi que les renseignemens précieux consignés dans le deuxième volume des *Mémoires de la Société d'Agriculture du département de la Seine*.

lant au milieu de nos champs de nouveaux propriétaires aisés et instruits, qui seront assurés
alors d'y trouver la paix et le repos qu'on n'y
rencontre pas toujours maintenant, malgré l'o-
pinion généralement adoptée à cet égard, et en
faisant jouir également les anciens habitans de
ces avantages, sans lesquels la culture est souvent un objet fécond de désagrémens, au lieu de
devenir, conme elle devrait toujours l'être, une
source intarissable de bonheur et de prospérité.

SIXIÈME OBSTACLE.

Teneur et brièveté des baux.

La teneur même de la plupart des baux, ainsi
que leur courte durée, se trouve fréquemment
en opposition directe avec les améliorations
agricoles qui doivent résulter des perfectionnemens apportés dans les anciens assolemens,
puisqu'elle prescrit l'observation rigoureuse des
soles et des saisons, établies de temps immémorial dans la contrée, et qu'elle proscrit toute
espèce d'interversion de cet ordre, comme aussi
l'admission des cultures nouvelles, par les
clauses comminatoires qui interdisent aux fermiers la faculté de dessoler et de dessaisonner
les terres amodiées, d'introduire d'autres plantes

que celles qui sont en usage, et de renouveler les prairies, même les plus anciennes.

Ces dispositions banales, qui remontent à la plus haute antiquité, et qui ont leur origine dans l'état primordial et très-restreint de la culture et des connaissances rurales, état auquel elles étaient sans doute bien appropriées alors, doivent nécessairement subir aujourd'hui toutes les modifications que l'extension des cultures anciennes, l'introduction des nouvelles cultures, le perfectionnement de tous les arts, et les progrès des lumières, exigent impérieusement sur un très-grand nombre de points.

Nous sommes bien loin de vouloir contester ici l'utilité et la nécessité même de ces précautions, avec une rotation qui exclut, comme le fait l'assolement triennal ordinaire, l'admission des prairies artificielles et les cultures rigoureusement sarclées et préparatoires de plantes semées en rayons, avant ou après les céréales. Sans doute on ne pourrait les supprimer sans inconvénient, ces précautions, en conservant ce mode exclusif très-borné ; mais toute personne de bonne foi conviendra avec nous qu'elles deviennent complétement inutiles, et inadmissibles même avec l'adoption des nouveaux moyens de l'agriculture moderne perfectionnée.

Cette grande vérité commence à être si bien sentie par plusieurs propriétaires ruraux, que, sur diverses parties du territoire français où la culture a reçu de grands perfectionnemens vers la fin du siècle dernier, comme dans la Beauce et dans la Brie, par exemple, on a supprimé, dans un grand nombre de baux, avec beaucoup d'avantages, les clauses qui interdisent la faculté de dessoler et de dessaisonner les terres labourables et de rien changer à l'état actuel des prairies, en y substituant celles qui prescrivent l'intercalation des prairies artificielles et d'autres cultures améliorantes avec l'admission des céréales.

Cette heureuse réforme nous rappelle l'exemple donné, il y a long-temps, à ses voisins par M. *Rosnay de Villers*, dans le département de la Seine-Inférieure, où il a contraint tous ses fermiers à adopter l'assolement quadriennal sans jachère, qu'il observait lui-même sur ses réserves; et celui non moins recommandable de notre zélé confrère *Chassiron*, dans le département de la Charente-Inférieure, où, désirant introduire aussi une innovation utile aux départemens de l'ouest, il est parvenu à engager les colons partiaires de son domaine de l'Angle, près la Rochelle, à semer à leurs frais sur la sole des jachères, des prairies artificielles et d'autres plantes améliorantes; ce qui a mérité à ces cultivateurs des récompenses honorables, en même temps qu'ils ont recueilli le fruit de leur louable condescendance.

Nous dirons, à cette occasion, qu'au moyen de clauses bien réfléchies, insérées dans les baux, il serait facile de déterminer l'introduction dans les assolemens les plus vicieux, de procédés qui changeraient en peu d'années la face de la contrée qui y serait soumise; et tous les propriétaires ruraux, jaloux de concourir à la prospérité des campagnes, en contribuant ainsi à accroître et à assurer leurs revenus, ne sauraient trop diriger leur attention vers ce grand moyen d'amélioration agricole.

Mais il ne suffit pas de perfectionner la teneur des baux, il faut encore que leur durée soit telle, qu'elle puisse permettre la grande amélioration que nous sollicitons; et le terme de trois, six, et même neuf années, est généralement trop court pour pouvoir se livrer à de grandes réformes avec tout le succès possible. Celui de douze ans, au moins, facilite l'introduction de la rotation quadriennale; et il est, avec les précautions convenables, dans l'intérêt du propriétaire comme dans celui du fermier. Aussi, cette

durée et une plus longue encore ont-elles commencé à s'introduire dans plusieurs localités,
avec de très-grands avantages réciproques, et
nous ne saurions trop recommander cette heureuse innovation.

SEPTIÈME OBSTACLE.

Culture par métayers.

La misérable culture par métayers, à moitié
fruits, qui s'étend encore sur une grande partie du territoire français, sur-tout au centre, au
midi et à l'ouest, comme en Italie et en Suisse,
et dans laquelle le colon partiaire, espèce de ré-
gisseur, totalement indifférent aux conseils de la
science et aux découvertes de l'art, ou usufrui-
tier temporaire, très-borné dans tous ses moyens,
et manquant entièrement des capitaux sans lesquels aucune amélioration n'est possible, ne peut
s'occuper que des besoins urgens du moment,
sans penser à l'avenir; cette chétive culture est
encore un obstacle très-direct au perfectionnement des assolemens par la suppression de la
jachère.

Cependant cet antique et désastreux système
est très-susceptible de s'améliorer, et il l'a déjà
été sur plusieurs points, ainsi que nous venons

de le voir pour les baux à ferme, particulièrement en Piémont et en Toscane, par des conditions plus conformes au véritable intérêt des
propriétaires que celles qui existent presque par-
tout de temps immémorial. Les principales de
ces conditions consistent dans l'obligation, de la
part du colon, d'admettre dans un ordre raisonné,
au moyen d'une jouissance suffisante pour en
profiter, les prairies artificielles et les plantes sarclées, qui permettraient alors d'engraisser et de
nettoyer la terre bien mieux qu'elle ne l'est ordinairement, en augmentant le nombre des bestiaux, ainsi qu'en rendant les sarclages rigoureux
indispensables, comme nous le verrons plus loin.

Ce système perfectionné nous paraît infé-
rieur, néanmoins, à celui de la *culture à économie,* qu'on trouve heureusement établi sur plusieurs points de nos départemens méridionaux,
qui a lieu par le moyen de journaliers ou de
maîtres-valets intéressés, et qui donne les résultats les plus satisfaisans aux propriétaires
instruits et aisés, libres alors d'adopter le plan
de culture le mieux calculé, et d'y apporter toutes
les modifications nécessitées par les circonstances. Mais il exige, comme tout autre mode
d'exploitation rurale, plus d'instruction et d'attention que n'y en apportent un grand nombre

de nos nouveaux *Triptolèmes*, lorsqu'ils veulent réformer les pratiques rurales vicieuses ; car, comme le remarque judicieusement M. *Crud*, la plupart des entreprises agricoles demandent une persévérance et une assiduité dont peu de personnes sont capables ; et c'est sur-tout le cas de celles qui, ne se bornant pas à une culture déjà établie, tendent au perfectionnement, lorsque, fatiguées de la vie du monde, ou cherchant un moyen honorable d'augmenter leur revenu, elles se livrent à ces entreprises après avoir lu avec un certain zèle, mais aussi avec légèreté, des ouvrages sur l'agriculture.

HUITIÈME OBSTACLE.

Erreurs des cultivateurs.

Les erreurs commises par un grand nombre d'agriculteurs, dans les essais qu'ils ont faits et qu'ils font encore tous les jours infructueusement sur une assez grande étendue de notre territoire, pour passer d'un assolement ancien à une meilleure rotation, sont sans contredit, comme nous avons déjà eu occasion de le dire, et comme nous devons le démontrer ici, les causes qui se sont le plus opposées par-tout à l'abolition de la jachère, parce qu'elles ont trompé les réformateurs eux-mêmes, et qu'elles ont servi ensuite de prétexte pour persister dans l'ornière de la routine, et aussi parce que les efforts maladroits, comme les assertions exagérées, nuisent toujours essentiellement à l'adoption des meilleurs pratiques agricoles : ces erreurs exigent donc de notre part des développemens assez étendus.

Il nous a été facile de reconnaître, ainsi qu'à toutes les personnes versées dans la théorie et dans la pratique des meilleurs assolemens, que trop souvent le cultivateur peu éclairé nuit à son intérêt futur le plus cher par la poursuite déraisonnée de son intérêt présent, parce que des assolemens indiscrets frappent la terre de stérilité pour long-temps. Nous avons également reconnu que l'ignorance des vrais principes et sur-tout le désir mal conçu d'anticiper sur les produits qu'on peut raisonnablement espérer d'un nouvel ordre et d'une nouvelle méthode dans les cultures, comme aussi le défaut des précautions indispensables pour y arriver efficacement, et l'abus du bon état auquel on parvient à amener la terre par l'introduction des prairies artificielles, étaient les causes réelles du peu de succès qui signale trop souvent les entreprises de ce genre. Essayons de rendre ceci sensible par

quelques exemples bien remarquables, avant de
tracer la marche qu'il convient de suivre, dans
les cas les plus ordinaires, pour assurer la réussite.

Un de nos agriculteurs les plus zélés pour la
propagation des bonnes méthodes de culture et
pour la diminution des jachères, a tenté, depuis
quelques années, d'essayer comparativement l'assolement triennal usité dans le canton du département de l'Eure qu'il habite, avec ce qu'il appelle *l'assolement alterne*, par le compte qui a
été publié du résultat de ses essais, dans les
Annales de l'Agriculture française du mois de
novembre 1820.

Nous n'indiquerons pas ici les nombreuses
erreurs émises dans ce compte, fort incomplet
d'ailleurs, et dont la plupart ont été relevées,
avec autant de modération que de sagacité, par
un de nos praticiens les plus éclairés, dans les
mêmes Annales pour le mois de février 1821,
ainsi que par un autre cultivateur, non moins
instruit, du département de l'Eure, témoin des
essais, lequel a soumis à la Société royale et centrale ses observations à cet égard, qu'elle a trou-
vées très-fondées; mais nous ne pouvons nous
dispenser d'observer :

1°. Que l'assolement quadriennal sans jachère.

qu'il a pris pour terme de comparaison avec le système triennal qui admet la jachère, n'est pas, comme il l'a supposé à tort, la véritable *rotation raisonnée*, suivie dans tous ses procédés, telle qu'elle est prescrite et recommandée par nos meilleurs agronomes, ainsi qu'il sera facile de s'en convaincre par les détails dans lesquels nous entrerons incessamment à cet égard;

2°. Que toutes les précautions indispensables pour passer progressivement avec succès de l'ancien assolement au nouveau, et notamment les cultures en rayons, rigoureusement sarclées, par lesquelles il convient de commencer avant d'établir une prairie artificielle, n'ont pas été employées;

3°. Que les conclusions que l'auteur prétend tirer de ses essais contre plusieurs cultures réellement améliorantes lorsqu'elles sont aussi bien exécutées que convenablement placées, ainsi que contre les avances, les bestiaux et les engrais nécessaires pour réussir, ne sont pas fondées comme il le présume, et prouvent seulement qu'il n'est pas encore suffisamment initié dans tous les procédés et dans toutes les ressources de la *rotation perfectionnée*, essayée incomplétement par lui avec le système des jachères, qu'il est d'ailleurs bien loin d'approuver:

elles démontrent en outre qu'avec les meilleures intentions on peut tendre cependant à faire rétrograder la science, sans le vouloir, par une interprétation et une application vicieuses des meilleures méthodes.

Nous dirons, à cet égard, avec M. *Pictet*, que pour ne tirer d'un fait ou de la réunion de plusieurs faits que les conclusions légitimes, il faut avoir sur l'art qui nous occupe un vaste assortiment de connaissances positives ; car il n'y a point d'art, peut-être, dans lequel il soit plus facile de se croire instruit et où l'on apprenne plus tard à douter. Il n'y en a point non plus dans lequel il soit plus facile d'expliquer tolérablement les phénomènes ; de tirer des conséquences spécieuses ; de généraliser les théories, et de raisonner avec une apparence de justesse. De là vient qu'on a tant écrit sur l'agriculture, et qu'il n'y a presque aucun axiome de cette science qui n'ait son contr'axiome dans un autre livre.

Nous remarquerons encore, avec ce savant agriculteur, que tant qu'on ne considère les avantages et les inconvéniens de la culture d'une plante que d'une manière isolée, c'est-à-dire indépendante des années qui précèdent ou qui

suivent, on ne saurait en avoir qu'une idée partielle ou fausse. Les diverses productions ne
peuvent être appréciées que par leur rapport
avec celles qui les ont préparées ou qui leur suc-
céderont.

A ces faits, qui prouvent évidemment que, pour
prononcer en connaissance de cause sur un objet de cette importance, il faut nécessairement
se livrer à des essais comparatifs autrement variés et concluans que ceux auxquels l'agriculteur du département de l'Eure s'est attaché,
ajoutons l'exemple non moins remarquable que
nous fournit l'un des hommes qui se sont le plus
appliqués à démontrer, par leur pratique comme
par leurs écrits, les grands avantages de l'assolement quadriennal le plus parfait.

Le célèbre *Thaër*, dont l'ouvrage classique démontre de la manière la plus forte les vices capitaux de la *jachère absolue*, soumise alternativement par lui à la puissance irrésistible du
raisonnement, de l'expérience et du calcul; en
avouant qu'il a commis lui-même une des fautes
graves que commettent si souvent les cultivateurs, en voulant perfectionner leurs assolemens
par une introduction mal combinée du trèfle,
et contre lesquelles nous désirons les prémunir
par les moyens que nous indiquerons plus loin,

s'exprime ainsi avec une franchise et une bonne foi dignes de la plus sérieuse attention.

« Moi-même, dit-il (en traitant *de la succession des récoltes*), je n'ai été dirigé vers le système de culture alterne perfectionnée, ni par la réflexion ni par la lecture des ouvrages anglais, mais seulement par le hasard et par la nécessité. Comme en Allemagne on m'a honoré du nom de père de ce système, on me permettra de raconter ici les circonstances qui m'y ont conduit. J'étais un ardent *sectateur* du trèfle et de la nourriture à l'étable, selon les principes de *Schubart,* et je voulus en conséquence introduire cette plante à la troisième année de mon assolement à la place de la jachère; mais elle n'y réussit point : le champ fut au contraire infecté de mauvaises herbes; les grains d'automne que j'y semai sur un seul labour, manquèrent complétement, quoique cependant j'eusse fumé pour la seconde fois en rompant le trèfle. »

Thaër nous donne ensuite quelques détails qui démontrent l'utilité des cultures rigoureusement sarclées, notamment de la pomme de terre et des raves, pour bien préparer le sol à la réussite des céréales et du trèfle; puis il nous apprend qu'après ces cultures, il sema de l'orge au printemps suivant, et du trèfle avec cette ᵥrge. « Ce grain, ajoute-t-il, eut un succès extra-ordinaire; on fut étonné de le voir tel sur un champ qui n'en rapportait que rarement et du médiocre. L'année suivante, pour la première fois, j'y eus un beau trèfle, tandis qu'un autre champ où le trèfle avait été semé sur une seconde récolte de grain, et quoiqu'il eût été fumé pendant l'hiver, ne rapporta presque que de l'oseille. Après une misérable coupe, ce dernier champ fut labouré trois fois pour être semé en seigle; le premier, au contraire, ne fut labouré qu'une fois après la seconde coupe, et le seigle fut décidément plus beau sur celui-ci que sur l'autre : cette épreuve détermina pour l'avenir mon assolement. »

Nous devons avouer aussi que nous avons également commis, en débutant dans la carrière agricole, plusieurs fautes dans l'ordre de nos cultures, qui nous ont plus éclairés que tout autre moyen sur la véritable marche à suivre pour obtenir constamment des produits avantageux, aux moindres frais possible; et nous désirons ardemment pouvoir éviter aux commençans ces erreurs, qui sont inévitables dès qu'on s'écarte de la bonne route, même avec la meilleure volonté et le zèle le plus prononcé pour reculer les bornes de la science rurale.

Après l'exposé de ces faits, suffisans sans doute pour prouver ce que nous avons avancé, nous dirons que le petit nombre d'écrivains qui s'efforcent encore parmi nous de défendre l'ancien système des jachères, auquel nous voyons cependant presque par-tout les cultivateurs zélés, aisés et instruits chercher à se soustraire par divers moyens plus ou moins bien réfléchis, conviennent pour la plupart qu'il est possible d'apporter, dans un assez grand nombre de cas, des modifications plus ou moins étendues à ce système. Mais c'est, à notre avis, faute d'être bien d'accord sur les bases générales d'après lesquelles ces modifications doivent avoir lieu pour être réellement et complétement efficaces, que ces auteurs se trouvent partagés d'opinion avec tous les agronomes du premier mérite, soit en France, soit au dehors, sur l'utilité, la possibilité et la nécessité d'une réforme générale à cet égard.

Ainsi, c'est, selon nous, faute de partir du même point et de bien s'entendre, comme cela arrive fréquemment, qu'on n'est pas d'accord sur ce sujet, et qu'on obtient souvent des résultats si différens dans les essais que l'on tente dans la vue de s'éclairer sur la réforme qui nous occupe. Essayons donc d'indiquer les principales règles à suivre pour passer avantageusement des assolemens anciens les plus ordinaires à ceux qui nous paraissent les mieux raisonnés.

V.

Indication des meilleurs moyens pour supprimer graduellement la jachère avec avantage.

1°. *Du remplacement de l'assolement triennal ordinaire.*

Arrêtons-nous d'abord à l'assolement triennal, qui admet la jachère complète après deux récoltes consécutives de céréales, parce qu'il est le plus généralement répandu presque par-tout, et parce qu'il est aussi le plus vicieux dans ses bases. Essayons de lui substituer graduellement l'assolement quadriennal, qui admet alternativement deux récoltes de céréales aussi, mais judicieusement intercalées entre deux récoltes améliorantes et préparatoires, et qui nous paraît être également le plus propre à nous servir ici de modèle, parce qu'il peut encore être admis dans le plus grand nombre de cas, et parce qu'il a donné constamment les résultats les plus avantageux à tous ceux qui l'ont introduit sur leurs exploitations rurales, avec les précautions nécessaires pour en assurer le succès.

L'assolement défectueux que nous voulons remplacer par un autre qui soit tout-à-la-fois moins dispendieux et plus productif, a le très-grave inconvénient, on ne peut se dispenser d'en convenir, de ne fournir aucune espèce de fourrage, ni de nourriture verte quelconque pour alimenter les bestiaux, si ce n'est l'herbe très-mélangée, peu abondante ordinairement, et quelquefois même nuisible, qu'on laisse croître spontanément pendant quelques mois sur la jachère. Cela est si vrai, que cet assolement ne peut se soutenir nulle part qu'à l'aide de prairies naturelles abondantes, et de pâturages tels qu'en fournissent les friches, les terres *vaines et vagues,* dont la dénomination indique si énergiquement le déplorable état actuel de nullité pour la culture, à laquelle la plupart seraient cependant très-propres avec un meilleur mode, et dont on assure qu'il existe encore aujourd'hui en France environ 16 millions d'arpens.

Ces faibles ressources et d'autres de ce genre sont le plus souvent insuffisantes pour bien nourrir les bestiaux indispensables à l'amendement des terres; et c'est une triste vérité à laquelle ses partisans ne font pas assez d'attention : car pour qu'un assolement soit bien combiné, il faut que les terres arables fournissent tous les moyens de se procurer l'engrais nécessaire à leur entretien, sans le secours des prés naturels ou d'autres moyens étrangers, comme le fait incontestablement la rotation quadriennale, que nous examinerons incessamment. L'assolement triennal ordinaire est bien loin, assurément, de donner ce résultat nécessaire à toute bonne culture; et rien n'est si rare, comme le remarque avec sa sagacité ordinaire M. *Crud*, que de voir les cultivateurs qui le suivent rigoureusement, calculer quelle est et doit être la véritable proportion entre l'étendue de leur terre et les engrais, le fourrage et le bétail de leur exploitation rustique.

Ce vicieux mode de rotation triennale ne peut donc produire, en général, qu'une trop faible quantité d'engrais pour réparer les déperditions considérables occasionnées par les deux récoltes consécutives de céréales, qui non-seulement ont épuisé le sol, mais qui l'ont encore souillé de plantes nuisibles. Ces deux circonstances, tant qu'elles existent, rendent nécessaire, nous en convenons, la jachère absolue, qui est cependant généralement insuffisante pour réparer complétement le mal, d'abord parce qu'on n'a pas assez d'engrais pour la fumer entièrement, et ensuite parce qu'elle suffit rarement encore pour détruire toutes les plantes dont on cherche à se débarrasser.

Dans ce fâcheux état de choses, que personne ne contestera sans doute, que convient-il de faire pour arriver par le moyen le plus assuré à l'abolition de cette jachère ?

Faudra-t-il, comme un grand nombre d'agriculteurs plus avides qu'instruits sur leurs véritables intérêts le font fréquemment, semer sur cette jachère, plus ou moins pourvue d'engrais, quelques plantes fourrageuses annuelles, telles que des pois, des fèves, des vesces, des gesses, ou toute autre plante équivalente, afin de les récolter en vert et souvent même en grain, et faire ainsi ce qu'on appelle dans plusieurs endroits des *refroissis*, ou *dessolis*, ou une *jachère bâtarde*, pour passer de là à la culture de la céréale qui doit suivre immédiatement l'année de jachère ?

Ce moyen, il faut le dire hautement, bien qu'il puisse être, dans plusieurs cas, comme nous l'avons déjà observé, préférable à la jachère complète, et donner en définitive des résultats moins mauvais, sur-tout sur les terres fertiles naturellement, est loin d'être le meilleur, quoiqu'il soit peut-être le plus généralement adopté.

Il est possible, sans doute, que dans quelques circonstances favorables ces récoltes dérobées au système des jachères deviennent avantageuses, parce qu'elles fournissent une provision

supplémentaire bien précieuse pour la nourriture des bestiaux, et parce qu'elles doivent épuiser peu le sol et le nettoyer d'ailleurs, si elles
sont fauchées de bonne heure en vert, à l'é-
poque de la floraison et avant qu'aucune plante
nuisible n'ait pu grener ; ou mieux encore si
elles sont consommées sur place par les bestiaux, auxquels elles fournissent un pâturage
fort utile; et si elles laissent également le champ
libre assez tôt pour pouvoir le préparer convenablement et à la semaille prochaine, par les
labours.

Mais en général, cependant, il ne faut pas se
le dissimuler, ces récoltes additionnelles, de
quelque nature qu'elles soient, et de quelque
manière qu'elles aient été faites, ont dû enlever
au sol, en mauvais état, comme on l'a vu, par
une conséquence nécessaire du vicieux mode
de culture auquel il a été soumis depuis long-
temps, et qui exige les plus grandes précautions
pour être rendu net et productif, une quantité
quelconque de substance fertilisante ; et si,
comme cela arrive trop fréquemment, on veut
obtenir des plantes ainsi semées, des produits
en grains, une récolte complète enfin, qui aura
d'ailleurs occupé la terre trop long-temps pour
qu'elle ait pu recevoir ensuite toutes les cultures

dont la récolte qui suit a besoin pour réussir ;
il n'est pas du tout étonnant, dans ce cas, que
la céréale qui doit leur succéder immédiatement,
donne des résultats moins avantageux qu'après
une jachère complète bien exécutée, sur-tout si
l'on a laissé les plantes nuisibles, spécialement
celles qui sont vivaces, se propager comme cela
a souvent lieu.

Que sera-ce, si ces *reffroissis* ont été d'une nature plus épuisante encore, c'est-à-dire, si l'on
a admis le colza, la navette, le pavot, le maïs, le
chanvre, le lin, et d'autres plantes aussi avides
d'engrais, dont la culture, souvent peu soignée,
aura non-seulement épuisé fortement le sol,
mais l'aura aussi couvert de plus en plus de
plantes nuisibles, qui sont incontestablement
par-tout le plus grand obstacle à la suppression
de la jachère, et par la destruction desquelles il
est toujours indispensable de commencer, si l'on
veut obtenir des succès réels et constans ?

Voilà cependant, nous ne saurions trop le
faire remarquer, le moyen défectueux qu'em-
ploient la plupart des cultivateurs pour se soustraire à cette jachère, et d'après le peu de succès
ordinaire duquel les antagonistes du véritable
système de culture perfectionnée prononcent
leurs jugemens définitifs contre ce système, aussi

mal exécuté qu'il est mal conçu par les routiniers.

Faudra-t-il donc, pour éviter ce premier inconvénient, sacrifier à l'amélioration de la terre
le produit de l'ensemencement extraordinaire
dont il est ici question, en l'enfouissant comme
engrais végétal, à l'époque de la floraison de la
plupart des plantes qui le composent, ou immédiatement après?

Cet excellent moyen, par lequel il convien-
drait peut-être de commencer toute rotation
nouvelle, afin d'en bien assurer le succès, et
auquel il faudrait peut-être aussi revenir de
temps en temps, à l'imitation de plusieurs agriculteurs instruits et bons calculateurs, pour accroître de plus en plus l'état progressif d'amélioration vers lequel tout propriétaire rural éclairé
doit tendre constamment par tous les procédés
possibles, ne fixera pas en ce moment notre
attention, malgré tout son mérite, sur-tout pour
les terres arides et pour celles qui sont peu fertiles naturellement.

Cette jachère raisonnée, plus productive
qu'elle ne le paraît d'abord, à laquelle nous nous
empressons d'avouer que nous avons eu plus
d'une fois recours avec de grands avantages,
pour suppléer à la disette d'engrais dans le

passage d'un ancien assolement à un plan mieux calculé, et dont nous avons déjà eu d'ailleurs occasion de faire remarquer tout le mérite, serait, nous le sentons, peu goûtée par la majorité des cultivateurs, parce que s'ils aiment à récolter, souvent même sans semer, à plus forte raison voudraient-ils obtenir quelque récolte des semences qu'ils auraient confiées à la terre. Ils préféreraient même, pour la plupart, la *jachère absolue*, qu'ils appellent quelquefois aussi *jachère morte*, bien qu'elle ne lui soit pas réellement préférable.

Ainsi, quoique ce moyen ait beaucoup plus de mérite que ne lui en accordent la plupart des agriculteurs; quoiqu'il donne réellement plus de bénéfice en définitive qu'on ne l'imagine au premier aperçu, et qu'il devienne souvent même indispensable, pour les terres couvertes de germes nuisibles et très-épuisées sur-tout, avant de pouvoir les soumettre avantageusement à une rotation régulière bien calculée; enfin, quoiqu'il n'exclue pas toujours rigoureusement un produit quelconque pour la nourriture des bestiaux dans l'année où l'on croit devoir l'employer; ce n'est pas celui auquel nous nous arrêterons ici, afin de ménager les préjugés à cet égard.

Faudra-t-il enfin confier au sol, lors du dernier ensemencement de l'assolement triennal, qui se fait ordinairement en avoine ou en orge, une semence additionnelle de plantes bisannuelles ou trisannuelles, telles que la luzerne lupuline et le trèfle des prés, destinés à former une prairie artificielle dans l'année de jachère, pour détruire ensuite cette prairie à la fin de la même année, et ensemencer immédiatement la terre en blé?

Quoique ce moyen, dont nous avons déjà vu le résultat ordinaire, dans l'exemple frappant que nous en a fourni *Thaër*, soit, comme le premier que nous avons examiné, un des plus usités presque par-tout où l'on a essayé de se soustraire à la jachère, nous ne pensons pas encore qu'il soit le meilleur à adopter généralement, ni l'un des plus convenables, bien qu'il vaille souvent mieux que l'improduction complète du sol, comme nous l'avons déjà fait remarquer, et nous allons essayer d'en faire ressortir les inconvéniens.

N'oublions pas que la terre, dans l'état de dégradation où nous la prenons, doit être nécessairement épuisée et souillée par les deux récoltes successives de céréales, qui n'ont pu ni prévenir son épuisement, ni la purger des plantes nuisibles qu'elles ont multipliées, au contraire ; et ce sont là, sans contredit, les deux grandes causes du maintien de la jachère, partout où l'on suit une aussi pernicieuse routine, comme nous l'avons déjà démontré.

Cette terre se trouve, par conséquent, dans un état bien peu favorable au succès de la prairie artificielle. Or, s'il est vrai, et l'on ne peut en douter, qu'un trèfle net et vigoureux assure généralement une récolte abondante en blé, ainsi que le fait également la luzerne lupuline sur d'autres terres, dans le même cas ; comme il est évident qu'en établissant la prairie avec des chances de succès aussi peu favorables, on ne peut être certain qu'elle sera nette et vigoureuse, le blé qui doit lui succéder doit nécessairement aussi se ressentir plus ou moins de ce manque de préparation convenable.

Ainsi, le défaut de succès qui a signalé plus d'une fois l'essai de ce moyen, ne prouve pas plus que l'emploi du premier contre la possibilité d'arriver à la suppression de la jachère, avec des avantages incontestables ; mais il démontre clairement le vice de la méthode employée pour y parvenir.

Voilà cependant, et nous ne pouvons trop insister sur ce point, voilà les faits principaux d'où

sont partis la plupart des partisans de la jachère
de rigueur, soit pour la maintenir sur leurs exploitations rurales, soit pour essayer d'en démontrer aux autres l'indispensable nécessité;
et il est facile de se convaincre, par la nature de
leurs objections, non-seulement qu'ils accusent
le nouveau système des torts imputables uniquement à l'ancien, ou à des fautes graves commises dans le passage de l'un à l'autre, mais
aussi qu'ils n'ont aucune idée pratique de l'efficacité des cultures en rayons suffisamment espacés et rigoureusement sarclés, pour atteindre
le but. Cependant aucun assolement n'est réellement bon, s'il ne ramène d'abord la terre et
s'il ne la maintient constamment ensuite dans
un état progressif de netteté, d'ameublissement
et de fertilisation, tout en donnant constamment aussi les produits nets les plus élevés; résultats qu'on obtient généralement au moyen
de ces cultures préparatoires, et qu'on ne peut
jamais obtenir complétement avec une rotation
vicieuse, même en ne laissant en aucun temps la
terre inactive.

Reconnaissons donc, comme on le voit, que
la suppression de la jachère et l'art des assolemens raisonnés ne sont pas toujours une seule
et même chose, ainsi qu'on le suppose ordinai-

rement, et avouons qu'il y a beaucoup de terres où la jachère n'existe pas, sans que l'assolement en soit réellement bon.

Ces vérités nous portent à déclarer que dans les efforts que font depuis quelque temps presque par-tout un grand nombre de nos cultivateurs, pour se soustraire à la jachère complète dont ils commencent à bien sentir l'inutilité dans la plupart des cas, plusieurs d'entre eux, qui ne sont que de simples fermiers, s'engageant dans une fausse route, faute de bien connaître les vrais principes à cet égard, et se permettant de dessoler et de dessaisonner leurs terres, malgré les clauses comminatoires de leurs baux, sans adopter une rotation convenable pour le faire avec avantage pour le sol et pour eux-mêmes, détériorent souvent ce sol au lieu de l'améliorer, et excitent par là les plaintes trop fondées des propriétaires, qui réclament alors la stricte exécution des baux avec des indemnités pour y avoir manqué.

Nous devons d'autant plus annoncer ici ces fâcheux résultats d'une conduite irréfléchie de la part des cultivateurs peu instruits, que déjà plusieurs fois les tribunaux se sont adressés à nous pour avoir notre avis à cet égard, et qu'en ce moment même le tribunal civil de Melun le

réclame pour un pareil dessolement et dessaison-
nement, dont le propriétaire ne se plaint que
parce que son fermier, plus avide qu'éclairé sur
ses véritables intérêts, a négligé de prendre les
précautions nécessaires pour passer avantageusement de son assolement ancien avec jachère
à un nouvel ordre de culture qui la supprime.
Cette circonstance rend plus urgente encore la
propagation des bons principes sur ce point.

Voyons maintenant si, par l'adoption de
moyens mieux raisonnés et mieux calculés que
ceux que nous venons d'exposer, il n'est pas
possible de supprimer efficacement et graduellement cette jachère absolue, dans le plus grand
nombre de cas.

Reconnaissons d'abord que quel que soit le
moyen adopté pour passer de l'assolement triennal qui nous occupe, et dont nous avons fait
sentir les principaux inconvéniens, à celui que
nous avons en vue, dont nous avons exposé les
avantages les plus précieux, il est très-difficile
que la transition puisse s'étendre en commençant sur la totalité de l'exploitation, à cause de
la faible quantité d'engrais que l'ancienne routine laisse nécessairement à la disposition du cultivateur, à moins qu'il ne puisse s'en procurer
d'ailleurs; ce qu'il ne doit jamais négliger toutes

les fois qu'il peut le faire aisément, et que cela devient nécessaire (1).

Remarquons aussi que c'est encore une des fautes capitales dans lesquelles tombent la plupart des propriétaires ruraux qui cherchent à améliorer le système de culture que nous combattons, que de vouloir le supprimer totalement d'une manière brusque et exclusive, quelquefois même sans avoir les capitaux, l'énergie et les connaissances nécessaires pour cette entreprise. Le défaut de succès qui en résulte également fournit toujours de nouveaux argumens contre cette suppression, parce qu'on en oublie ou méconnaît la véritable cause, et qu'on ne s'attache qu'à l'effet produit par cette conduite irréfléchie.

Disons ensuite que, comme il est indispensable que la terre soit bien pourvue d'engrais,

---

(1) Nous ne saurions trop recommander, à cet égard, la lecture d'une excellente production de M. *Mathieu de Dombasle*, intitulée *De la valeur du fumier dans divers assolemens*, et qu'il a consignée dans le huitième numéro du *Recueil agronomique*, publié par la Société centrale d'agriculture de Nancy. On y trouvera de grandes vérités, qui mettent en évidence toute la supériorité des rotations raisonnées sur l'antique routine, en prouvant que l'agriculteur éclairé peut acheter les engrais beaucoup plus cher pour ses cultures améliorantes, que ne peut jamais le faire le partisan de la jachère.

à la première année de la nouvelle rotation, parce que cet engrais doit influer sur les trois années suivantes, après l'avoir fait sur celle-ci; et comme il est toujours utile encore d'introduire progressivement les innovations en tout genre, parce qu'en agriculture, ainsi qu'en toute autre chose, on doit tendre à la perfection par une marche lente et mesurée, afin de prévenir les inconvéniens qui résultent presque toujours d'un bouleversement total des anciennes méthodes, et afin de pouvoir mieux saisir et étudier les avantages du nouveau plan, comparativement avec celui auquel on désire le substituer; il faut avancer dans la nouvelle route avec autant de modération que de discernement.

Il convient donc d'essayer d'abord ce plan sur l'etendue de terre seulement que la quantité d'engrais disponibles ou qu'on pourra se procurer d'ailleurs permettra de bien engraisser; car, nous ne saurions trop le répéter aux agriculteurs, avec M. *Crud,* il n'en coûte pas davantage de cultiver le sol pour une récolte de dix et même de quinze pour un de semence que pour celle qui ne rend que trois pour un. La proportion d'engrais qu'il a reçue en temps utile détermine souvent seule cette différence dans la quantité des produits, sans que, pour l'ordinaire, la valeur de la partie des sucs absorbés par l'augmentation de ces produits approche de la valeur qu'a cette augmentation de récolte.

L'étendue de terre que nous avons ici en vue, dans l'état fâcheux de malpropreté et d'épuisement où elle ne peut manquer de se trouver immédiatement après les deux récoltes consécutives de grains qui précèdent l'année de jachère qu'elles nécessitent, a au moins autant besoin d'être purgée des germes et des racines nuisibles qui la couvrent, qu'elle doit être pourvue abondamment de nouveaux moyens de fécondité. Voici la marche que nous conseillons de suivre, d'après notre pratique et celle des agronomes les plus éclairés, pour obtenir d'une manière certaine ces deux grands résultats, en faisant observer, avant tout, que la nécessité et l'avantage de tenir les terres arables dégagées de toutes plantes étrangères, n'ont jamais été suffisamment appréciés dans l'ancien système, et que cette netteté est de rigueur dans le nouveau.

En supposant la terre suffisamment égouttée, épierrée et aplanie, comme elle doit toujours l'être en bonne culture; en supposant également des planches bombées de dix à douze raies au moins, séparées par de bonnes rigoles, substituées aux billons étroits, comme cela doit être encore sur les champs argileux qui péchent par excès d'humidité, ainsi que cela se pratique dans nos départemens de l'est; il ne faut pas perdre de temps, aussitôt après la récolte du dernier grain de l'ancienne routine, qui est ordinairement l'avoine ou l'orge, comme nous l'avons vu, pour donner à la terre, dès que la constitution atmosphérique le permet, un labour suivi de hersages profonds et en tous sens, afin de ramener à la surface la majeure partie des racines des plantes traçantes et vivaces, telles que le chiendent, qui est la plus commune presque par-tout, ou l'agrostide stolonifère, qui est aussi fort commune, sur-tout sur les terres argileuses et humides, et les transporter soigneusement toutes hors du champ ou les brûler, comme aussi afin de déterminer la prompte germination d'une grande partie des germes nuisibles qui couvrent également le sol.

Ce labour peut souvent être pratiqué très-avantageusement, comme nous avons déjà eu occasion de le faire observer, avec l'*extirpateur*, ou avec le simple *binot* usité en Flandre, en Artois et en Picardie, et qui a quelquefois plusieurs socs, ce qui rend l'opération beaucoup plus expéditive.

Après avoir obtenu ce premier résultat, d'une

très-haute importance, qui peut quelquefois
exiger des labours et des hersages itératifs,
même une jachère d'été soigneusement suivie,
lorsqu'on a laissé envahir le champ par une
couche épaisse de racines articulées très-perni-
cieuses, ce que nous regardons cependant ici
comme un cas d'exception à part; on laisse en
cet état la terre, qu'on peut aussi dans plusieurs
cas couvrir avantageusement, immédiatement
après le labour, de graines de plantes propres
à être enfouies comme engrais végétal; on laisse
ainsi la terre, disons-nous, jusqu'au moment où
l'on juge convenable de lui confier la première
semence pour en récolter le produit.

C'est ordinairement à la fin de l'hiver, ou au
commencement du printemps : alors après l'a-
voir suffisamment couverte d'engrais, on pro-
cède au nouveau labour et à l'ensemencement
de la plante dont la culture soignée servira de
préparation fort utile à celle de la céréale et de
la prairie artificielle qui doivent la suivre immédiatement.

A l'égard de cette plante, qui doit varier suivant les localités et les convenances, lesquelles
peuvent en admettre un assez grand nombre,
telles que la pomme de terre, la rave, le navet, le rutabaga, le chou, la betterave, le maïs,

le haricot, le pois, la fève, la lentille, la carotte, le panais et autres de cette nature, qui peuvent toutes se cultiver très-avantageusement en rayons convenablement écartés, comme nous en avons acquis la certitude, nous prendrons ici pour exemple la pomme de terre ou la féverole, parce que l'une ou l'autre peut convenir à la majeure partie des sols et des climats, pour lesquels elles présentent de très-grands avantages que la nouvelle méthode contribuera puissamment à faire apprécier de plus en plus.

Il est indispensable de placer convenablement derrière la charrue, à mesure que le labour se fait, les tubercules ou les semences de celle de ces plantes qui obtiendra la préférence, en les plaçant en lignes ou rayons, suffisamment espacés pour que les instrumens dont nous allons parler puissent, sans endommager les plantes cultivées, ameublir et nettoyer complétement la terre, c'est-à-dire en laissant sans semence, entre chaque sillon ensemencé régulièrement, deux autres sillons au plus, qui sont suffisans pour pouvoir bien pratiquer ces utiles opérations.

Dès que l'ensemencement est terminé et que le temps le permet, la terre doit être hersée et roulée, afin d'en bien ameublir et aplanir la surface ; et, sur les terres compactes et humides, le rouleau à pointes, que nous avons souvent employé avantageusement , peut être d'une grande utilité pour diviser les mottes les plus fortes et les plus dures.

Aussitôt que les plantes cultivées sont assez sorties de terre pour marquer complétement partout le rayon, et qu'on s'aperçoit d'ailleurs que le champ commence à se couvrir en même temps de plantes nuisibles ; un léger hersage ordinaire, pratiqué en long et en travers par un beau temps, suffit ordinairement pour détruire la majeure partie de celles de ces plantes qui sont annuelles et nouvellement germées , sans endommager sensiblement les plantes cultivées , parce qu'elles sont généralement d'une constitution plus forte , et sur-tout plus profondément enracinées.

Ce hersage peut et doit même quelquefois être pratiqué avant la levée des plantes cultivées, dès que l'on voit la terre couverte de plantes parasites, et que la constitution atmosphérique est assez sèche pour les faire périr après avoir été soulevées par la herse.

Quelque temps après, lorsqu'on s'aperçoit que de nouveaux germes nuisibles se sont développés dans le champ , et que les plantes cultivées sont plus élevées ; il convient de faire passer, entre les intervalles de chaque rayon , la petite herse triangulaire ou *petit cultivateur*, dont on trouvera la description et le dessin, ainsi que ceux de la houe à cheval, à la fin de cet essai.

L'emploi de ce précieux instrument, aussi aisé à diriger qu'il est expéditif, et auquel on doit avoir recours pour cette culture, toutes les fois que les circonstances l'exigent, tient constamment la terre des intervalles nette, meuble et fraîche tout-à-la-fois, ce qui contribue singulièrement à la prospérité des plantes cultivées en lignes.

Enfin lorsque ces plantes sont assez élevées pour pouvoir être buttées, on opère très-rapidement et très-aisément encore le buttage par l'emploi de la houe à cheval, à oreilles susceptibles de se rapprocher et de s'écarter assez, au moyen d'une charnière, pour que cette opération, qu'on peut répéter quand le cas l'exige, puisse se faire complétement de la manière qu'on le désire. Outre l'ameublissement du sol, qu'elle procure aussi toutes les fois qu'elle est pratiquée par un temps convenable, qu'il faut toujours saisir pour bien opérer, elle a encore le très-grand avantage de détruire la majeure partie des plantes nuisibles qui se trouvent dans l'alignement des plantes cultivées et à leur pied, en les couvrant de terre ; et il est facile d'enlever à la main le très-petit nombre de celles qui peuvent résister à cet excellent travail.

C'est par l'emploi de ces procédés fort simples, qui n'exigent qu'un seul cheval dans les cas les plus ordinaires, et avec lesquels on est bientôt familiarisé, que la plupart des plantes cultivées peuvent devenir réellement améliorantes, d'épuisantes qu'elles sont lorsqu'on les abandonne à une culture négligée ; et nous dirons ici que c'est à ces moyens excellens qu'on est redevable de l'heureuse révolution qui s'est introduite dans la culture et les assolemens, par-tout où l'on y a eu recours avec discernement. Aussi la plupart de nos sociétés d'agriculture se sont-elles empressées de les recommander fortement par tous les moyens possibles, et nous signalerons plus particulièrement sous ce rapport la Société centrale du département de l'Ain, qui s'est efforcée d'en faire bien sentir tous les avantages, et celle du département de la Meurthe, qui en promettant, cette année, un *prix relatif à la culture des plantes sarclées*, a publié et inséré dans le premier numéro de son excellent *Recueil agronomique* un programme qu'on ne saurait trop méditer, lequel expose clairement tout le mérite de la culture alterne perfectionnée.

On lit aussi avec plaisir dans une excellente

notice, insérée dans le *Journal d'agriculture du département de l'Ain*, pour cette année, pag. 2 43 : « Presque par-tout, dans le pays de Gex, de belles luzernes, des trèfles vigoureux et des *champs de récoltes sarclées*, modifient l'antique assolement triennal qui naguère couvrait tout le pays. La pomme de terre sur-tout est partout cultivée comme le plus abondant et le plus sûr supplément des céréales pour la nourriture des hommes et pour celle des bestiaux. Dans plusieurs localités, des champs de betteraves, de rutabaga, de maïs, annoncent encore plus de progrès dans les améliorations. *La charrue-cultivateur, là où l'on a introduit en grand les récoltes sarclées, vient au secours de la culture à la main d'œuvre.* » Nous ajouterons que nous avons eu la satisfaction d'admirer ces beaux résultats, l'année dernière, au mois d'août, en visitant cet intéressant arrondissement, qui possède plusieurs propriétaires ruraux pleins de zèle et d'instruction.

Remarquons ici que les fréquens remuemens de la terre, au moyen de nos instrumens, et sur-tout son parfait ameublissement, en exposant successivement toutes ses molécules aux influences atmosphériques, en même temps qu'elle est utilement garnie de végétaux, l'améliorent considérablement, non-seulement parce

qu'elle profite de la destruction des plantes nuisibles, mais aussi parce qu'elle attire encore et
conserve puissamment, même dans les plus
grandes sécheresses, comme nous avons eu fréquemment occasion de nous en assurer et de le
faire observer à d'autres, une humidité dont la
terre compacte est entièrement privée. Elle devient tellement favorable à la végétation, que
des plantes naturellement avides d'eau peuvent
se cultiver avec succès sur des sols peu humides,
au moyen de cet ameublissement, qui réunit
encore l'avantage non moins précieux d'un complet nettoiement, sans lequel, nous le répétons,
il ne peut y avoir nulle part de culture réellement
bonne ; et nous sommes tellement convaincus
de l'utilité de ces deux effets, dont tous les avantages ne sont malheureusement pas encore assez
connus par-tout, que l'on pourrait, selon nous,
réduire rigoureusement le résultat nécessaire de
toute l'agriculture bien entendue à ces quatre
seules expressions, *ameublissement, nettoiement,
engraissement et amendement.*

Peut-être, cependant, les éternels partisans de
la routine, les ennemis jurés de toute espèce d'a-
mélioration agricole, qui voudraient qu'au milieu des progrès rapides que font tous les arts
industriels, l'économie rurale restât encore sta-

tionnaire, et que pour elle seule, la science ne vìnt pas éclairer et diriger l'art, ainsi que cela a eu lieu tant que l'agriculture a été regardée comme un *métier servile*, réservé exclusivement à la classe la plus nombreuse, la plus laborieuse, mais aussi la moins éclairée de la société; peut-être, disons-nous, ces zélés défenseurs des pratiques qui n'ont d'autre mérite que leur ancienneté, et qui doivent changer, comme toutes les autres, avec nos mœurs, nos coutumes et nos besoins, se récrieront-ils contre l'introduction dans nos cultures, de deux instrumens nouveaux, à la vérité, pour la plupart des cultivateurs, quoiqu'ils soient déjà devenus usuels depuis long-temps pour les plus éclairés d'entre eux.

Sans doute, il faut bien se garder de donner, comme quelques personnes l'ont fait malheureusement, dans aucune sorte d'excès à cet égard, en cherchant à introduire dans les exploitations rurales, dont les opérations requièrent avant tout la simplicité et la célérité, des instrumens aussi nombreux que compliqués, et dont le mérite n'est ni assez bien reconnu ni l'emploi assez facile.

Sans doute aussi il ne faut jamais perdre de vue cette grande vérité, qu'il est souvent bien plus difficile de faire adopter dans les campagnes

de nouveaux instrumens que de les inventer;
mais cela ne peut s'appliquer en aucune manière au cas présent. Les instrumens que nous
ne saurions trop recommander, parce que sans
eux il faut renoncer, dans le plus grand nombre
de cas, aux perfectionnemens les plus importans de l'agriculture, sont de la plus grande
simplicité, et ils ont en outre le mérite d'être
très-solides, peu coûteux, et d'épargner les frais
de la main d'œuvre souvent ruineux.

Ils ne sont pas, au reste, nouveaux réellement ces instrumens, car ce ne sont au vrai que
des modifications ingénieuses de la herse et de
l'araire ordinaires, qui peuvent même dans
quelques cas les remplacer. Ainsi on ne peut
se dispenser de les admettre, lorsqu'on désire
perfectionner ses assolemens par les meilleurs
procédés, comme l'ont déjà fait, avec le succès
le plus encourageant, un grand nombre d'agriculteurs instruits; et nous observerons, à cet
égard, avec *Thaër,* à ceux qui ne se les sont
point procurés, et qui les désapprouvent sans
les connaître, parce qu'ils n'ont pas vu leurs
voisins s'en servir, que de ce qu'une chose reconnue pour bonne n'est point encore assez répandue, ce n'est point une raison de s'opposer
à ce qu'elle se répande en effet.

Nous ajouterons que le manque de bras étant une des objections banales qu'on élève le plus souvent contre la culture perfectionnée que nous désirons propager, ces instrumens sont d'excellens moyens de parer à cet inconvénient, en suppléant très-efficacement à la disette d'ouvriers, et en procurant d'ailleurs une économie de main d'œuvre très-considérable pour les opérations les plus urgentes, qui ameublissent la terre et la purgent des plantes et même des animaux les plus nuisibles aux récoltes : on doit donc y avoir recours toutes les fois que des causes puissantes ne s'y opposent pas réellement, et ne contraignent pas le cultivateur à avoir recours aux opérations manuelles.

Nous dirons encore que dans le cas peu probable d'une répugnance invincible à leur introduction, comme aussi à celle des plantes qui exigent d'être cultivées en lignes, et soigneusement sarclées et houées pour prospérer, on pourrait rigoureusement les remplacer, dans la première année dont nous nous occupons, par l'admission de la vesce ou de la gesse d'hiver ou de printemps, semée à la volée et fauchée de bonne heure, sur des terres bien engraissées et bien préparées d'ailleurs, qui ne seraient pas infestées de germes et de racines nuisibles, comme nous l'avons fait plusieurs fois, ainsi que d'autres cultivateurs, avec succès, sur des terres en bon état de culture et de nettoiement ; mais ce moyen supplétif, nous devons le dire, ne prépare pas, en général, aussi bien la terre que le précédent, pour les récoltes qui vont suivre, et convient moins, par conséquent, en commençant.

Après cette déclaration formelle, continuons l'indication de la série raisonnée de notre nouvelle rotation.

Aussitôt après la récolte préparatoire des plantes cultivées en lignes régulièrement espacées, et convenablement houées et buttées, qui laissent la terre nette et meuble, tout en fournissant des produits abondans bien précieux pour nourrir les hommes et les bestiaux, et pour augmenter considérablement la masse des engrais ; on peut rigoureusement encore l'ensemencer en blé d'hiver, sur un seul labour ou sur deux, tout au plus, dans les cas les plus difficiles, lorsque cette récolte est faite assez tôt pour pouvoir pratiquer l'ensemencement en temps convenable ; et l'on peut aussi semer sur le blé, soit avant, soit pendant, soit après l'hiver, la prairie artificielle qu'il convient de choisir d'après la nature de la terre et les circonstances locales. Mais, dans le plus grand nombre de cas

néanmoins, il conviendra, sur-tout en commençant cette nouvelle rotation, d'attendre après
l'hiver pour faire ces deux semis; et si la terre
ne se trouvait pas encore assez nette et meuble,
ce qui n'arrive que trop souvent dans les cas fâcheux que nous avons choisis pour exemple, il
deviendrait fort avantageux, dans ce cas, de la
labourer légèrement, le plus tôt possible après
la récolte, afin de déterminer la germination et
d'opérer l'extirpation des nouvelles plantes nuisibles qui pourraient encore y exister.

Alors on semerait, vers la fin de l'hiver, sur
un bon labour, soit du froment ou du seigle de
mars, soit de l'orge ou de l'avoine printanière,
selon la nature du sol et les besoins, soit même
du sarrasin, plus tard, comme nous l'avons vu
faire par le cultivateur de la Haute-Vienne que
nous avons déjà cité, ou tout autre grain également convenable; et, de suite, on établirait
la prairie en trèfle des prés, ou en luzerne lupuline, et même avec un mélange de l'un et de
l'autre, ainsi que nous l'avons fait avec succès
sur des terres ingrates, fortement améliorées,
d'après les mêmes convenances locales qu'il faut
toujours consulter.

Il est impossible, après tant de précautions si
bien calculées pour fertiliser, ameublir et net-

toyer la terre, que, dans les circonstances ordinaires, cette seconde récolte ne soit pas remarquable par sa beauté, sa netteté, son produit considérable en grains, et que la prairie si bien préparée, qui doit former le produit de la troisième année, ne soit pas également nette et vigoureuse. Souvent même, après l'enlèvement de la récolte céréale, on obtiendra de cette prairie, à l'automne, une première coupe assez productive, ou au moins un pâturage avantageux, dont il faudra bien se garder d'abuser cependant, car cela pourrait devenir nuisible aux produits futurs ; et il convient de l'améliorer encore alors, ou au plus tard à la fin de l'hiver, avec du plâtre ou des cendres sulfureuses, ou de la poudrette, ou de l'urate, toutes les fois qu'on peut se procurer aisément ces précieux amendemens, beaucoup trop négligés et dont les effets sont si merveilleux.

L'année suivante, on fait ordinairement plusieurs récoltes abondantes de la prairie ; mais il convient, en général, de les réduire à deux seulement ; et, aussitôt que les circonstances le permettent et l'exigent, on enfouit en automne, par un seul labour profond, en profitant de la fraîcheur de la terre et en saisissant bien le moment favorable, les débris et même la dernière pousse

de cette prairie : on sème ensuite le blé d'hiver ou
le seigle, qui finit la rotation, pour la recommencer, l'année d'après, par une nouvelle culture préparatoire des plantes qui exigent des engrais et des sarclages rigoureux pour prospérer
et bien préparer la terre à d'autres cultures.

Il est encore extrèmement probable que le
blé semé ainsi sur une terre améliorée par l'enchaînement raisonné de toutes les cultures qui
l'auront précédé, donnera les produits les plus
avantageux, toutes les fois que les circonstances
atmosphériques, qui sont les seules causes du
peu de succès qu'on peut éprouver quelquefois,
et qu'on est ordinairement très-disposé à attribuer aux vices présumés des nouvelles méthodes, ne s'y opposeront pas fortement ; car
une expérience aussi ancienne que variée sur
plusieurs points, et dans un grand nombre de
circonstances différentes, justifie pleinement
cette grande probabilité.

On pourra même, dans plusieurs cas, se procurer, à la dernière année de la rotation, une
seconde récolte *dérobée,* en raves, en navets, en
sarrasin, en millet, en pois, en vesce, en gesse
pour fourrage, ou en tout autre produit équivalent qui n'exigera qu'un simple labour, lequel
contribuera encore à l'ameublissement et au par-

fait nettoiement de la terre, qu'on pourrait aussi fertiliser par l'enfouissement de ces plantes considérées comme engrais végétaux, si on le jugeait convenable.

Observons ici que dans le cas où l'on voudrait ou devrait, par des circonstances particulières, profiter du pâturage sur la prairie pendant toute la saison de l'automne et même plus tard, on pourrait encore rigoureusement différer plus ou moins long-temps l'ensemencement du blé, pourvu toutefois qu'on n'attendît pas pour détruire cette prairie, comme nous l'avons vu faire plusieurs fois, qu'elle se trouvât en partie dégarnie de plantes utiles remplacées par des plantes nuisibles. Mais en ne nous arrêtant ici qu'aux cas les plus ordinaires et qui sont généralement les plus convenables, afin de ne pas compliquer les procédés, et parce qu'un bon cultivateur doit toujours savoir d'ailleurs le modifier suivant les circonstances, lorsqu'il se trouve placé sur la bonne route; il est facile de voir qu'en suivant bien l'indication simple et précise que nous venons de tracer, on peut, dans le plus grand nombre de cas, sans avoir recours à l'improductive et coûteuse jachère, sans diminuer en rien le produit ordinaire en grains, en l'augmentant au contraire, ce qui est fort important, et en augmentant beaucoup aussi le produit en viande et en laitage, ce qui ne l'est pas moins, obtenir une série de récoltes abondantes, fort avantageuses pour la nourriture de l'homme et pour celle de ses bestiaux, indépendamment d'une nouvelle provision d'engrais riches et abondans.

Cela s'obtient en ayant recours à ces mêmes engrais tous les quatre ans seulement, pour chacune des soles ou divisions, tandis qu'il en faut tous les trois ans dans l'assolement triennal, et en maintenant cependant la terre dans un état progressif d'amélioration tel qu'on peut encore, en suivant constamment ce cours, en variant à propos les cultures et les procédés, accroître d'année en année les produits, qui sont bien supérieurs sous tous les rapports à ceux que fournit à grands frais, et sans aucun des mêmes avantages si précieux, l'assolement ordinaire, qu'on sera en état de comparer exactement avec le nouveau, par l'essai graduel que nous conseillons d'entreprendre.

On diminuera également, par le même moyen, les frais de culture, qui deviendront encore bien moindres en définitive à mesure qu'on avancera dans l'exécution de ce plan raisonné, que ceux qu'entraîne ordinairement l'observation rigoureuse de l'antique routine.

Il sera même possible et très-convenable, dès que l'amélioration de la terre se sera accrue avec les ressources qu'on aura pour l'engraisser largement, d'introduire dans la rotation, avec de grands bénéfices, à la place des plantes alimentaires pour les bestiaux dont l'entretien donnerait un produit net peu considérable, quelques-unes des plantes d'art qui exigent pour réussir des engrais riches et abondans, et qui n'en laissent ordinairement que fort peu sur les exploitations qui les produisent, telles que le lin, le chanvre, le colza, le pavot, la navette, la cameline et autres de cette nature ; mais il convient en général de ne pas les admettre en culture préparatoire, qu'on ne se soit procuré, par la nouvelle rotation ou autrement, une masse assez abondante d'engrais disponibles, parce que, avant d'être parvenu à ce grand résultat, qu'on doit avoir constamment en vue, et auquel conduit toujours une culture bien raisonnée et prudemment ménagée d'abord, les bénéfices apparens que l'admission de ces plantes présenterait, seraient effectivement plus illusoires que réels.

Il sera encore très-facile, avec ce nouveau plan de culture, d'employer les engrais, pour ainsi dire, à mesure qu'ils se font, en les distribuant alternativement et successivement aux diverses parties de l'exploitation avec sagacité, tandis que dans l'assolement triennal avec jachère, on est dans l'usage de les conserver d'une année à l'autre; ce qui occasionne une très-grande perte, qu'on n'apprécie pas assez. Enfin ce plan est également très-propre à réduire le nombre des animaux de labour, en même temps qu'il peut favoriser l'accroissement de la popution des campagnes, et la multiplication des animaux qu'on voudrait engraisser.

Nous ne devons pas quitter cet assolement quadriennal que nous avons cru devoir choisir pour modèle, parce qu'il nous paraît être généralement le plus convenable pour obtenir, par la culture de nos plantes les plus usuelles et les plus nécessaires, le produit net le plus élevé, le plus avantageux, et qu'il est très−facile d'en prolonger la durée ou d'en modifier les produits d'après les convenances locales et économiques, en s'appuyant toujours sur les mêmes bases, et en variant seulement les végétaux, sur−tout lorsqu'on s'aperçoit que le retour trop rapproché de quelque plante en diminue la vigueur; nous ne devons pas le quitter, disons-nous, sans faire observer qu'il fournit incontestablement plus de nourriture pour l'homme, qu'on ne peut jamais en obtenir par la rotation triennale avec

jachère, ainsi que de bien plus grandes ressources pour la nourriture des bestiaux et pour
la fertilisation de la terre, comme il est aisé de
s'en convaincre par le calcul comparatif le plus
simple, appliqué à une étendue de douze années, tel que celui que nous avons inséré dans
les développemens de notre neuvième et dernier *principe d'assolement*; et comme on peut
également s'en assurer en consultant le calcul
non moins concluant que M. *Pictet* a inséré dans
son *Traité des assolemens*; celui qu'*Arthur
Young* a consigné dans son *Voyage en France*;
et celui auquel s'est également livré M. *Crud*
dans son *Économie de l'agriculture.*

Nous ferons aussi remarquer que c'est celui
qui donne depuis long-temps parmi nous les
résultats les plus avantageux en Flandre et en
Alsace, où il paraît avoir pris naissance, comme
aussi en Artois, dont l'état florissant de l'agriculture date de l'époque où les grains ont cessé
d'y être cultivés exclusivement, et dans quelques
autres endroits que nous avons déjà eu occasion
de faire connaître; qu'il a changé en Angleterre
la face du comté de Norfolk, où il est introduit depuis long-temps, ainsi que celle de plusieurs autres comtés qui n'ont pas hésité à l'a-
dopter; qu'il est la base du système suivi par

M. *Coke*, que ses concitoyens appellent le *prince des cultivateurs*, et au moyen duquel il a augmenté d'une manière prodigieuse le revenu de sa vaste propriété d'Holkham; qu'il a enrichi tous les cultivateurs industrieux du Palatinat qui l'ont admis; qu'il a été adopté par la Société impériale de Moscou pour la ferme-modèle qu'elle dirige; qu'il est fortement recommandé en Allemagne par les écrits et la pratique de *Schwerz*, de *Thaër*, et d'un grand nombre d'autres agriculteurs très-distingués, comme il l'est en Suisse par les excellens agronomes de *Fellemberg*, *Pictet*, *Deloys*, *Diesbach*, *Courant*, et par plusieurs autres dont nous avons eu l'avantage de visiter dernièrement les exploitations rurales exemplaires, ainsi qu'en Italie par le savant cultivateur *Crud*, avec ses dignes collaborateurs *Veronesi* et *Zanetti*, et sur divers points de la France par nos agriculteurs les plus éclairés, dont nous avons signalé à l'estime publique les principaux, qui se sont empressés de l'admettre sur leurs domaines.

Nous devons y ajouter ici M. *Menecier d'Oycourt*, du département de la Somme, propriétaire rural dont l'instruction égale le zèle, et qui l'a introduit aussi avec un grand succès sur des terres calcaro-siliceuses peu fertiles, sur les-

quelles il obtient, 1º. des rutabagas et des raves
énormes, dites *turneps*, semées en lignes sur des
ados, sur lesquels le fumier se trouve également
placé en lignes, ce qui donne une grande vigueur
à la végétation ; 2º. de l'avoine précoce avec du
trèfle ; 3º. du tréfle, et 4º. du froment de première
qualité. Il entretient encore un nombreux trou-
peau de mérinos au moyen du trèfle rampant,
avec lequel il forme des pâturages excellens sur
ses terres les plus médiocres.

Nous ne devons pas passer non plus sous si-
lence M. *Bellat* de Walsch, près Sarrebourg,
autre agriculteur d'un grand mérite, qui l'a également adopté sur des terres argileuses, fort humides et très-difficiles à traiter, sur lesquelles il
lui donne quelquefois une durée quinquennale.

Nous devons également indiquer ceux de Messieurs les correspondans du conseil d'agriculture, dont nous n'avons pas encore eu occasion
de parler, lesquels, d'après les renseignemens
fort instructifs qui nous ont été communiqués,
au ministère de l'intérieur, avec un empresse-
ment et une obligeance qui méritent toute notre
reconnaissance, l'ont introduit avec un égal
succès sur leurs propriétés.

Ce sont MM. le lieutenant-général comte *Du-
lauloy*, à Villeneuve près Soissons, sur des terres

argileuses, sableuses et graveleuses ; — *de Bon
de Farges*, près Gex, sur un sol calcaire et argileux ; — *de Croutelle*, à Parfondeval, arrondissement de Neufchâtel, sur un terrain de nature
très-variée ; — *Buchère de Lépinois*, à Chenoise,
près Provins , sur un sol à base argileuse ; —
Bevfer, à Ribauvillers, près Colmar, sur des terres
fort argileuses ; — le baron *Dutaya*, à l'Hermi-
tage, près Saint-Brieux, qui donne quelquefois
à sa rotation une durée quinquennale, en pro-
longeant l'existence du trèfle, sur un sol graveleux, schisteux, granitique, ayant très-peu d'humus ; — le comte *Heudelet*, à Bierre-lès-Semur,
dans la Côte-d'Or, sur un terrain généralement
argileux ; — le comte *de Bassignac*, à Mauriac,
sur un sol léger en général et un peu graveleux ;
— *Beslay*, à la terre de Vaucouleurs, près Dinan,
sur un sable argileux , assis sur un fond de gra-
nit ; — *Brune*, à Souvans, dans le Jura, sur une
argile compacte, et sur un terrain sablonneux et
léger ; — *Berthereau de la Giraudière*, à Villeny,
près Romorantin, sur un sol souvent sableux,
quelquefois glaiseux ; — *de Beaujeu*, à Viantrais,
canton de Regmalard, près Mortagne, sur un
terrain maigre et sans profondeur ; — *Mogniat
de l'Écluse* , à Saint-Jean-d'Ardières, près Ville-
franche, sur un sol varié, quartzeux ou glaiseux ;

--— le lieutenant - général comte *Musnier*, à Bon-
neuil, canton de Charenton, près Paris, sur des
terres de qualités très-opposées, depuis le sable
presque pur jusqu'à l'argile; — le marquis *de
Guercheville*, près Blois, sur des terres franches,
calcaires, argileuses et crétacées; — *Cadet de
Vaux*, fils, à Saint-Germain-lès-Bois, près de
Sancerre, sur des *varennes* alumineuses et sableuses;—*Auguste de Courson*, à Comteval, près
Boulogne-sur-Mer, sur un sol généralement argileux, sur lequel il alterne avec les céréales le
trèfle ou la lupuline, la pomme de terre, la carotte, le panais, le navet, un mélange de fève, de
pois et de vesce, et l'orge d'hiver dite *sucrion*,
consommée en vert, pour pâturage. « *Je ne me
suis jamais aperçu*, déclare-t-il positivement au
Ministre, *que mes blés fussent moindres en quantité ou en qualité que ceux de mes voisins qui observent la jachère absolue.* » Nous ajouterons que
la même rotation quadriennale, suivie antérieurement, pendant long-temps, à notre connaissance, par M. *François Delporte*, l'un de nos premiers agriculteurs, sur la même propriété de
cent treize hectares de terre argileuse peu trai-
table, a donné constamment les mêmes résultats
avantageux;—*de Valcourt* aîné, à Bigneley, près
Toul, département de la Meurthe, sur des terres

argileuses et graveleuses ; — *Barbut,* près Mende, département de la Lozère, sur un sol de nature variée ;— *Dubretail,* à la Palisse, département de l'Allier, sur des terres également de nature très-variée ; — notre ami *Marant de Bulgnéville,* près Neufchâteau, sur un sol argileux, assis sur une base pierreuse, souvent à peu de profondeur ; — et *Petit,* l'un de nos élèves, à Buire-Courcelles, près Péronne, sur une terre franche, crayeuse.

Nous croyons devoir ajouter encore à ces précieux renseignemens l'indication du plan de culture, qu'il peut être fort avantageux d'adopter dans un grand nombre de cas, pour passer graduellement, avec toutes les précautions convenables, de l'assolement triennal avec jachère, à la rotation quadriennale sans jachère dont nous venons de nous occuper, et que notre savant confrère et ami M. *Vilmorin* se propose de mettre à exécution, cette année même, sur la propriété qu'il a entrepris de faire valoir à Nogent-sur-Vernisson, sur des terres graveleuses, à base argileuse, soumises de temps immémorial à la routine triennale, fort épuisées par conséquent, et infestées d'ailleurs de plantes nuisibles aux récoltes.

En laissant de côté toutes les terres qui ne peuvent entrer pour le moment dans le nou-

veau plan, parce qu'elles ont un autre emploi
que celui dont il va être question ; et en se bornant à l'appliquer à 100 hectares (qu'on peut
remplacer par toute autre étendue), chaque sole
de l'ancien assolement étant de 33 hectares un
tiers en blé, de 33 hectares un tiers en avoine,
et de 33 hectares un tiers en jachère, on y substi-
tuera quatre soles, dans la rotation raisonnée ; et
l'on procédera de cette manière pour les former.

Immédiatement après la récolte du blé et de
l'avoine de l'année où l'on aura formé le projet
de rectifier l'ancienne méthode, on commencera
à substituer *idéalement* quatre divisions de 25 hectares aux trois ci-dessus de 33 hectares chacune.
Elles seront désignées par les lettres A, B, C,
D, et arrangées ainsi : la sole A sera formée de
25 hectares, pris, par portions égales de 8 hectares un tiers, sur les trois soles anciennes ; la
sole B, de 25 autres hectares, sera prise sur le
reste du chaume de blé ; la sole C, de même
étendue, sur le reste du chaume d'avoine ; et la
sole D, de 25 hectares encore, sur le reste des
terres qui sont encore en labour de jachère, pour
le blé prochain, et qui en seront bientôt ense-
mencées.

En revenant maintenant à l'ancienne sole d'a-
voine, qui va former la nouvelle jachère, et dont

25 hectares formeront ensuite la sole C, nous dirons qu'il ne faut pas perdre de temps, aussitôt après la récolte dont nous avons parlé, pour lui donner un labour léger et pour l'ensemencer en plantes destinées à être enfouies après l'hiver comme engrais végétal, à l'époque de la floraison, telles que le seigle, le colza et la navette d'hiver, ou les variétés de vesce, de gesse, de pois et de fève, qui résistent aussi à l'hiver. Aussitôt après cet enfouissement, qui pourra avoir lieu en avril ou en mai, au plus tard, on semera de nouveau d'autres plantes moins rustiques, destinées également à former de l'humus par leur enfouissement en fleurs, en juin ou en juillet, telles que le sarrasin commun, et mieux encore celui de Tartarie, comme étant moins délicat et plus vigoureux, le millet, l'alpiste, le panic, la rave, le navet, le lupin, ou les variétés printanières des plantes précédentes. Immédiatement après ce second enfouissement, on procédera à un troisième ensemencement de plantes de même nature, dont le produit sera encore enfoui de la même manière, par un quatrième labour, en septembre ou en octobre; et quinze jours ou trois semaines après, on pourra semer sur 25 hectares seulement, comme nous le verrons ci-après, le blé après ce dernier la-

bour, qui suffira amplement, s'il est donné en temps convenable, et si toutes les plantes ont été bien enfouies, et que la terre ait été bien hersée et roulée à chaque ensemencement, comme cela est très-facile en observant toutes les précautions nécessaires.

On prendra donc sur cette ancienne sole de jachère, qui aura été fertilisée et ameublie par trois enfouissemens successifs d'engrais végétaux bien peu coûteux, les 25 hectares qui devront être ensemencés en blé, pour former dorénavant la sole C, sur laquelle nous reviendrons plus loin.

Observons ici qu'il pourrait devenir avantageux de choisir pour semence le gros blé, dit Poulard, *triticum turgidum*, L., à cause de l'abondance et de la fermeté de sa paille, qui le rendront très-propre à augmenter la masse des engrais futurs, et dont on aura d'autant plus besoin, que l'ancienne sole de blé d'hiver sera d'abord réduite de près d'un tiers.

Les 8 hectares et un tiers, qu'on aura réservés sur les 53 et un tiers de cette jachère utilisée comme on vient de le voir, étant ajoutés à deux quantités pareilles, qu'on prendra encore sur les deux autres soles, à la fin de la même année,

formeront la sole A, comme nous l'avons également vu précédemment.

Cette nouvelle sole sera destinée à recevoir,
au printemps suivant, toutes les cultures de racines, de tubercules et d'autres récoltes vertes
préparatoires. Elle sera également consacrée à
l'emploi, qui devra être aussi abondant que possible, de tous les engrais disponibles, ainsi que
de ceux qu'il pourrait devenir nécessaire d'acheter s'il en manquait, et qu'il faudrait choisir à
l'état pulvérulent, comme la poudrette, l'urate,
la suie, les cendres, la colombine, la poudre d'os,
les rognures de corne et de peau, les résidus des
plantes oléifères et autres substances semblables,
très-énergiques sous un petit volume, et, en
outre, aisément transportables en tout temps et
en tous lieux.

Il convient cependant de remarquer que les
8 hectares et un tiers, détachés de l'ancienne sole
de jachère, ayant déjà été traités comme le reste
de cette sole, qui est destiné au blé, c'est-à-dire,
ayant été améliorés par quatre labours et par
trois enfouissemens successifs de plantes en
fleurs, pourront rigoureusement se passer de
fumier, ou d'autres engrais animaux, et qu'ils
pourront d'ailleurs recevoir encore un quatrième enfouissement de plantes hivernales, se-

(195)

mées de nouveau avant l'hiver et enterrées
après.

Il ne restera donc à fumer, sur les 25 hectares
de cette nouvelle sole, que 16 hectares et 2 tiers;
et l'on aura, pour y parvenir, tous les engrais
qui auront été faits depuis l'automne de la première année de l'entreprise, jusqu'au printemps
de la troisième année, puisque la nouvelle sole
de blé après jachère n'en aura absorbé aucun,
ayant été entièrement fertilisée avec des engrais
végétaux. Remarquons encore que ces 16 arpens
et 2 tiers devront aussi être labourés légèrement,
immédiatement après les dernières récoltes de
l'ancienne méthode, et qu'une partie, sinon le
tout, pourrait même être ensemencée alors, sans
délai, en plantes hivernales propres à être converties en engrais au printemps, ce qui contri-
buerait également à leur amélioration.

Cette sole A, amplement fumée et labourée,
comme nous venons de l'indiquer, sera couverte,
après l'hiver, partie en plantes à racines charnues ou à tubercules, telles que celles que nous
avons déjà eu occasion de désigner; partie en
d'autres plantes, que nous avons encore signalées, qui devront aussi être cultivées en lignes,
et soigneusement sarclées et buttées, par les procédés expéditifs que nous avons déjà fait con-

13*

naître; et partie en plantes fourrageuses annuelles, semées à la volée, qui seront fauchées
en vert, de bonne heure, ou consommées sur
le champ même par les bestiaux, ou enfouies en
fleurs, si cela devient nécessaire, à la première
ou à la seconde pousse. On pourra y semer également du sarrasin sur les portions que l'on
n'aurait pas pu fumer amplement avant la fin de
juin ou le commencement de juillet; et l'on pourrait encore enfouir le produit de cette plante en
fleurs, si l'on ne jugeait pas convenable d'en récolter la graine, dans le cas très-peu probable
du défaut d'engrais suffisant.

Nous devons prévenir les agriculteurs qui se
proposeront d'essayer ce nouveau plan que, dans
la répartition à faire, sur les 25 hectares de cette
sole, des diverses cultures préparatoires que nous
venons d'indiquer, on devra avoir égard à l'é-
tat où se trouvaient précédemment les fractions
dont elle aura été composée.

Ainsi les plantes à racines charnues ou à tubercules, et toutes les autres qui seront cultivées en lignes, seront placées de préférence sur
les 8 hectares et un tiers provenant des chaumes
d'avoine, parce que cette fraction doit être, en
général, sauf les exceptions locales, plus souillée
de plantes nuisibles et plus appauvrie par les

deux cultures successives des céréales de l'ancien assolement que le reste de la sole, et qu'elle
aura, par conséquent, plus besoin des engrais
abondans, et sur-tout des sarclages et des binages répétés qu'exigeront ces plantes ; au contraire, la fraction qui aura été en jachère pendant toute l'année précédente, et qui aura été
déjà améliorée par les labours et les enfouissemens successifs de plantes qu'elle aura reçus,
si elle ne l'a pas même été, en outre, par l'application d'engrais animaux, pourra admettre
sans inconvénient les plantes fourrageuses semées à la volée ; et l'on réservera encore, pour
la fraction qui aura été prise sur les chaumes de
blé, celles de ces plantes annuelles qu'on se pro-
posera de faucher les premières en vert, parce
qu'elles épuiseront moins la terre, qui demande
aussi à être plus ménagée que dans la fraction
qui précède.

Dans les trois années qui suivront immédiatement cette première culture de plantes préparatoires, la sole dont nous nous occupons sera
successivement couverte, sans qu'il y ait besoin
d'engrais, si elle a été bien préparée d'abord,
ainsi que nous l'avons prescrit, de céréales du
printemps, soit de blé de mars, soit d'orge, soit
d'avoine, avec du trèfle ou de la lupuline, qu'on

récoltera à la troisième année de la rotation, pour semer du blé d'hiver à la quatrième et dernière année.

La sole de blé de l'ancien assolement, dont 25 hectares seulement formeront par la suite la sole B, étant destinée à porter encore, en totalité, de l'avoine, la première année de la réforme, avant d'être appliquée, l'année suivante, comme la précédente, après sa réduction, aux cultures de jachère utilisée, pourrait aussi être améliorée par un labour léger et par un semis de plantes hivernales à enfouir, pratiqués sans délai après la moisson du blé, et suivis, au mois de mars suivant, d'un second labour d'enfouissement.

Par cet excellent moyen, trop peu usité, qu'on ne doit jamais négliger toutes les fois que les circonstances le permettent, l'avoine semée ainsi sur deux labours et sur un engrais végétal, sera sans doute plus abondante qu'elle ne l'est ordinairement sur un seul labour sans engrais; et en préférant aussi pour la semence, comme nous l'avons déjà conseillé pour le blé, l'avoine unilatérale blanche, ou l'avoine de Georgie, plus vigoureuse encore, ou toute autre à chaume ferme et élevé comme l'est celui de ces avoines, on se procurerait également de nouvelles ressources, bien propres à augmenter la masse des engrais dont on aura besoin par la suite.

Cette sole passera successivement, comme la première, immédiatement après cette dernière récolte de l'ancien assolement, et après sa réduction à 25 hectares, aux labours et enfouissemens successifs de plantes d'engrais, pendant la jachère, aux cultures préparatoires, amplement fumées et sarclées ; à l'établissement de la prairie artificielle, pendant la culture d'une céréale de printemps ; à l'existence de cette même prairie ; puis à la culture du blé.

La sole C, déjà réduite comme nous l'avons vu, à 25 hectares en blé, par l'effet de la nouvelle rotation, devra encore produire aussi, avec toutes les précautions essentielles indiquées pour la précédente, de l'avoine, l'année suivante, ainsi que cela avait lieu dans l'ancien assolement, dont toutes les dispositions cesseront entièrement ensuite d'exister pour elle ; et l'on y admettra alors consécutivement, après la jachère amendée comme nous l'avons prescrit, par l'enfouissement des plantes en fleurs, les cultures sarclées, les céréales de printemps, la prairie artificielle, et le blé, comme cela aura déjà eu lieu pour les soles ci-dessus.

Enfin, la sole D, formée sur le chaume du dernier blé de l'ancienne routine, lequel aura été semé encore après une jachère complète, devra également subir, à son tour, une dernière récolte consécutive d'avoine, après sa réduction à 25 hectares, et avec toutes les précautions indiquées antérieurement; puis la jachère modifiée comme nous l'avons dit; après laquelle cette vieille méthode disparaîtra totalement du sol, et y sera remplacée utilement par le complément de la nouvelle rotation. Cette sole sera soumise alors à l'enchaînement régulier de toutes les opérations de la série quadriennale, prescrites ci-dessus pour les trois soles précédentes.

Ainsi, en appliquant alternativement à chaque nouvelle sole tous les procédés utiles, employés pour préparer convenablement la sole A à l'établissement de la prairie artificielle; en conservant d'abord les anciens produits, et en ne réduisant qu'insensiblement l'étendue de terrain qui leur est consacrée; en l'améliorant encore de manière à en assurer la réussite, en même temps qu'on s'en procure de nouveaux qui sont bien précieux, on arrivera graduellement, en peu d'années, avec des avantages incontestables qu'il est facile de reconnaître, à la substitution de la rotation quadriennale raisonnée à la place de l'assolement triennal routinier.

L'exécution complète de ce nouveau plan de culture pourra exiger d'abord, dans un assez grand nombre de cas, l'établissement d'un nouvel attelage, pour suffire aux labours extraordinaires, dont la dépense sera amplement compensée par l'accroissement des produits; et il exigera en outre l'achat de la semence des plantes destinées à être enfouies comme engrais. Mais il convient de rappeler que les premiers et les plus nombreux de ces labours, qui doivent être peu profonds, peuvent être aisément et promptement exécutés à l'aide de l'*extirpateur*, ou du *binot* flamand, ou de tout autre instrument aratoire équivalent, à plusieurs socs, dont nous avons déjà eu occasion de recommander l'emploi. Quant à la semence des plantes d'engrais, l'achat de la plupart d'entre elles, comme celles du colza, de la navette, du sarrasin, de la rave, du navet, du seigle, du panic, de l'alpiste et du millet, qui sont généralement les plus convenables pour cet objet, doit être nécessairement peu coûteux, ainsi qu'il est aisé de s'en convaincre; et il est impossible, assurément, de se procurer avec moins de dépense, une masse d'engrais semblable à celle qu'elles doivent fournir en les employant comme nous l'avons prescrit.

On peut, au reste, modifier encore ce plan,

en réduisant d'abord la jachère à la moitié ou aux deux tiers, plus ou moins, suivant les convenances et les ressources, et en observant d'ailleurs les mêmes principes pour parvenir graduellement à la supprimer en totalité.

Par l'introduction de l'assolement quadriennal raisonné que nous ne saurions trop recommander, qui a été adopté avec le plus grand succès par les habitans de la commune de Saurans dans le Jura, lesquels ont triplé leur revenu, et au moyen duquel nous avons vu également un propriétaire rural instruit du département de la Haute-Loire élever le produit de ses grains, de quatre et demi pour un, jusqu'à douze et même quatorze, il devient encore très-facile et très-convenable d'admettre la nourriture en vert des bestiaux à l'étable, qui donne des résultats si avantageux, lorsqu'elle est bien établie, et graduellement d'abord, comme cela est nécessaire, sans exclure rigoureusement l'usage d'un bon pâturage, en temps opportun, ainsi que l'exercice convenable pour la santé des jeunes animaux sur-tout.

Par l'emploi de ce moyen additionnel, usité sur plusieurs points, avec de grands bénéfices, en Flandre, en Artois, en Alsace, en Suisse, en Lombardie, ainsi qu'en Angleterre et en Alle-

magne, il devient facile non-seulement d'entretenir avec le produit ainsi consommé de la même
étendue de terre, un bien plus grand nombre
de bestiaux qu'avec la misérable ressource des
pâturages en commun et la nourriture sèche,
ou avec le foin des prairies, mais aussi de se
procurer une masse d'engrais beaucoup plus
considérable et de bien meilleure qualité ; vérités incontestables dont on ne saurait trop se
pénétrer, puisque l'adoption de ce moyen est
réellement, comme l'ont reconnu les meilleurs
agronomes, *la condition nécessaire d'une agriculture parfaite.*

Ajoutons à ces grands avantages, qui exercent
nécessairement la plus heureuse influence sur
toute l'exploitation, que les prairies artificielles,
soigneusement établies par les procédés que
nous avons recommandés, fournissent de même
généralement plus de moyens de subsistance
pour la nourriture des bestiaux, que ne le font
les prairies naturelles ordinaires, sur-tout lorsque les premières sont consommées en vert à
l'étable, comme nous venons de le conseiller ;
autre vérité qui n'a pas encore été assez appré-
ciée par la masse des cultivateurs et des propriétaires ruraux, et sur laquelle nous aurons
occasion de revenir en traitant spécialement de
cet objet.

Disons encore qu'il devient également facile, par l'adoption de ce nouveau plan de culture, de faire entrer graduellement dans les quatre soles indiquées, toutes les friches et terres vaines et vagues qui sont susceptibles d'être cultivées; puisqu'on peut se dispenser alors de les conserver à l'état d'abandon, comme cela devient indispensable avec l'assolement triennal. On peut aussi, sans le moindre inconvénient, et avec des avantages très-marqués, renouveler, sinon supprimer les prairies naturelles usées, qui sont bien loin d'avoir la même valeur, après l'adoption de ce plan, qu'elles avaient avant son admission ; et il est très-facile de pourvoir au parcours des bêtes à laine sur une portion de l'une ou l'autre des deux soles réservées à la nourriture des bestiaux, en y établissant des pâturages artificiels temporaires aux époques convenables, comme nous l'avons fait pour nos troupeaux avec la luzerne lupuline, le seigle et l'orge, consommés sur place en vert, ainsi qu'avec d'autres plantes également recommandables pour cet objet, telles que la vesce, la gesse, etc.

Tel doit être, d'après toutes les probabilités indiquées par l'expérience raisonnée des agriteurs les plus éclairés des diverses parties de l'Europe, le succès encourageant de l'entreprise que nous conseillons d'essayer. Si l'on reconnaît, comme on ne peut raisonnablement en douter, la supériorité bien réelle de la nouvelle méthode sur l'ancienne, d'après des essais établis d'abord sur une étendue de terrain peu considérable, mais bien conçus, bien arrêtés, bien exécutés, et dont les produits comparatifs auront été aussi bien constatés par les registres ruraux qu'aucun agriculteur instruit ne peut se dispenser de tenir exactement pour sa comptabilité et sa satisfaction personnelle, on ne tardera pas à l'étendre successivement et très-commodément sur la totalité de l'exploitation, et l'on n'aura pas été exposé aux nombreux inconvéniens qui proviennent presque toujours d'un passage brusque, général et irréfléchi, d'un système de culture à un autre, lequel a pour résultat ordinaire et très-fâcheux de discréditer pour long-temps, auprès des cultivateurs de la contrée, les bonnes pratiques que l'on a légèrement embrassées et négligemment suivies, sans avoir assez étudié les moyens les plus sûrs pour les faire réussir.

Nous devons faire observer maintenant que, sans avoir besoin de s'astreindre rigoureusement à cette seule rotation quadriennale, qui nous paraît cependant admissible dans le plus grand nombre de cas, lorsqu'elle est introduite *pro-*

gressivement avec soin , pour remplacer l'assolement triennal, ainsi que nous avons conseillé de le faire et comme nous devons le répéter; on peut aussi, en prenant toutes les précautions indiquées qui sont nécessaires pour bien préparer la terre à recevoir une prairie artificielle, admettre successivement la luzerne commune sur les sols les plus fertiles et le sainfoin sur les plus arides.

On établirait alors, à l'égard de ces plantes et de toute autre plante équivalente, des assolemens à plus long terme, mais reposant toujours sur les mêmes bases, c'est-à-dire en intercalant constamment les plantes améliorantes et épuisantes, et en variant le plus possible les productions, de manière à entretenir continuellement la terre nette, meuble et féconde, points toujours essentiels, qu'on ne doit pas perdre de vue, sans jamais abuser de l'état d'amélioration auquel le séjour prolongé des prairies artificielles aura nécessairement dû l'amener.

Nous ne pouvons nous dispenser de remarquer, à ce sujet, que s'il est vrai, comme nous nous plaisons à l'avouer, qu'un grand nombre de nos cultivateurs ont déjà introduit les prairies artificielles sur leurs exploitations, il n'est pas moins vrai que la plupart d'entre eux négligent d'abord les précautions que nous avons fortement recommandées pour bien les établir, et qu'ils abusent ensuite, lorsqu'ils les détruisent, de la fécondité qu'elles ont donnée au sol, tandis qu'il est de la plus haute importance de la ménager : c'est ce qui annulle nécessairement la meilleure partie des bons effets qu'ils en obtiendraient avec une conduite plus réfléchie ; et nous insistons sur ce point.

Afin de donner une idée des assolemens à long terme qu'on peut encore introduire graduellement, en admettant la luzerne, le sainfoin, ou toute autre plante améliorante, nous rappellerons celui que nous avons pratiqué nous-mêmes en y introduisant la première de ces plantes, et que nous avons fait connaître en détail, en 1809, dans les développemens de notre cinquième principe d'assolement ; celui de M. Pictet, qu'il a étendu à une durée de douze années, en substituant également avec avantage la luzerne au trèfle, et qu'il a décrit dans un supplément à son Traité des assolemens ; celui d'une durée de vingt années, que M. Dailly, maître de la poste aux chevaux de Paris, correspondant de la Société royale et centrale d'agriculture, et l'un de nos agriculteurs les plus zélés et les plus intelligens, a introduit sur sa belle exploitation rurale de

Trappes, près Versailles, et qu'il a eu la bonté de nous communiquer.

Il y admet, 1°. la pomme de terre, 2°. l'avoine et la luzerne, 3°., 4°., 5°., 6°. et 7°. la luzerne, 8°. l'avoine, 9°. la pomme de terre, 10°. le blé de mars, 11°. le colza repiqué, 12°. le blé d'hiver, 13°. la vesce d'hiver, puis le colza pour plant, dans la même année, 14°. l'avoine, 15°. le pavot, 16°. le blé d'hiver, 17°. la pomme de terre, 18°. le blé de mars, 19°. le colza repiqué, et 20°. le blé d'hiver.

Dans cet espace de temps, la terre reçoit quatre fois du fumier, pour les pommes de terre et le pavot ; elle est parquée une fois pour la vesce d'hiver et le colza à transplanter ; et la poudrette est employée en outre à chaque culture de colza transplanté.

M. Lacroix, correspondant du conseil d'agriculture, a eu aussi la bonté de nous faire connaître tous les détails d'un autre assolement de vingt années, établi de temps immémorial, avec un succès constant, sur le territoire de Prades, dans une contrée des Pyrénées-Orientales qui jouit du bienfait des irrigations. On y alterne le froment ou le seigle avec le lupin, le trèfle incarnat, le chanvre, le maïs, le haricot et le millet. Nous ne croyons pas devoir entrer ici dans les détails de cette rotation très-remarquable, parce qu'ils viennent d'être insérés dans la seconde série du XVIIe. volume des *Annales de l'Agriculture française*, où l'on pourra les consulter avec un grand intérêt.

M. *de Gasquet*, dont nous avons déjà eu occasion de faire connaître les heureux essais, nous a également informés qu'il admettait sur ses terres ingrates du département du Var, 1°. les pommes de terre largement fumées ; 2°. les fèves semées en rayons et rigoureusement sarclées, dans lesquelles il sème du sainfoin après le dernier binage ; 3°., 4°. et 5°. du sainfoin, et 6°. du froment.

Nous ajouterons à ces renseignemens l'exposé qui nous a encore été communiqué par M. le comte *de Gourcy*, du plan d'assolement de six années, adopté par M. *Durand*, agriculteur du premier mérite, président de la société d'agriculture du département de la Moselle, et qu'il a introduit sur son domaine de Tichemont, près Jarny, afin d'éloigner le retour du trèfle.

Il admet, sur la première sole fortement fumée, la pomme de terre et le rutabaga, en lignes suffisamment espacées pour recevoir toutes les cultures convenables avec les instrumens à cheval ; il sème sur la seconde le trèfle avec le blé

de mars, l'orge nue hexastique et l'avoine-patate; il récolte sur la troisième le trèfle semé au
printemps; et il obtient sur la quatrième, du
froment d'hiver, auquel succède, dans la cinquième, la fève semée en lignes, et le colza repiqué de même, après une demi-fumure; puis,
dans la sixième et dernière sole, il récolte encore du froment d'hiver, remplacé immédiatement dans la même année par le sarrasin récolté
ou enfoui, et quelquefois aussi par des carottes
semées au printemps dans le froment. Par ce
moyen, sa terre est toujours nette, meuble et
très-productive à peu de frais.

Nous avons aussi connaissance d'une assez
bonne rotation de neuf années, pratiquée avec
beaucoup de succès à Ancy-le-Franc, département de l'Yonne, par M. *Huillier,* maître de la
poste aux chevaux, ancien fermier, qui l'a adaptée à la durée d'un bail de neuf années, et qui
l'a communiquée à la Société royale et centrale
d'agriculture.

Elle consiste dans la succession régulière,
1°. de l'orge de mai; 2°. du trèfle plâtré, ou du
sainfoin, selon la nature du sol; 3°. du froment; 4°. de la pomme de terre; 5°. de l'orge de
mai; 6°. du sainfoin, qui n'est jamais conservé
qu'une seule année, ce qui est très-remarquable;

7°. du froment; 8°. de la vesce, ou de toute autre plante légumineuse qui laisse la terre libre assez tôt pour la bien préparer à une troisième production de froment, par lequel M. *Huillier* termine sa rotation à la dernière année de son bail.

Quoique cette rotation nous paraisse encore susceptible de quelques perfectionnemens que nous aurons occasion d'indiquer ailleurs, elle est cependant déjà une assez bonne introduction à de plus grandes améliorations; et nous avons cru devoir la citer, parce que les céréales y reviennent aussi fréquemment que dans l'assolement triennal avec jachère, qu'elle remplace très-avantageusement.

Nous devons également consigner ici un projet d'assolement de dix ans, dont l'exécution est commencée depuis plusieurs années à l'abbaye de Melleraye, et qui a été communiqué aussi à la Société d'agriculture de Paris.

On y admet successivement, 1°. les légumes, tels que les navet, chou, rutabaga, betterave, pomme de terre, avec une ample fumure, une culture en lignes, et des sarclages rigoureux; 2°. l'orge, ou l'avoine, avec le trèfle; 3°. le trèfle; 4°. *idem*, s'il résiste assez bien à l'hiver, ce qui doit arriver rarement; 5°. le froment; 6°. les racines,

traitées comme il est dit ci-dessus; 7⁰. le seigle;
8⁰. le sarrasin, ou les pois, ou les haricots, ou
les fèves en lignes, rigoureusement sarclées, si
l'on a de l'engrais; 9⁰. le froment; 10⁰. la vesce
d'hiver ou de mars, mélangée de seigle ou d'a-
voine, ou bien des navets récoltés en pleine
fleur, ou encore le seigle fauché en vert pour
en nourrir les bestiaux à l'étable; et toutes ces
dernières plantes sont semées à diverses époques, de manière à leur fournir constamment
une suffisante provision de nourriture fraîche.
Cette rotation avantageuse pourrait encore admettre quelques modifications.

Nous préviendrons, au reste, les agriculteurs
zélés pour l'établissement des rotations de culture raisonnées, qu'ils consulteront avec avantage les plans d'un grand et d'un petit assolement, composés de huit soles, adoptés par M. le
vicomte *Morel de Vindé,* pair de France, sur son
exploitation à la Celle-Saint-Cloud, près Versailles, et dont il a donné tous les détails dans
sa *Notice sommaire sur les assolemens.*

Ils ne liront pas avec moins d'intérêt le cha-
pitre intitulé : *Assolemens des différentes qualités
de terre,* inséré par M. le comte *Louis de Villeneuve,* dans son *Essai d'un manuel d'agriculture,*
parce qu'il y fait connaître, par des tableaux

comparatifs fort instructifs, les importantes améliorations qu'il a introduites, après une pratique
de dix-neuf ans, dans l'antique système de culture, suivi de temps immémorial aux environs
de Castres, améliorations d'après lesquelles il
assure, de la manière la plus positive, en s'appuyant sur des calculs irrécusables, que « *le
propriétaire retirera de l'assolement nouveau le
double de revenu qu'il aurait eu avec celui en
usage.* »

Nous devons encore indiquer ici ceux de
MM. les correspondans du conseil d'agriculture,
que nous avons reconnus, d'après l'obligeante
communication dont nous avons déjà eu occasion de parler, avoir avantageusement substitué
à l'ancienne routine, sur leurs domaines, des assolemens raisonnés dont le terme se prolonge
plus ou moins au-delà de quatre années, en supprimant entièrement la jachère.

Ce sont les agriculteurs dont les noms suivent :

M. *Taillefer*, de Villers-le-Tilleul, près Mé-
zières, département des Ardennes, qui a adopté
une rotation quinquennale, en alternant le froment, ou le seigle, ou l'orge d'hiver avec les
plantes fourrageuses, ou légumineuses, ou oléagineuses ; puis l'orge ou l'avoine de mars avec

le trèfle, dont il fait deux coupes seulement la première année, et dont il forme ensuite un pâturage qu'il conserve la seconde année, jusqu'au moment où il dispose la terre pour le retour du froment.

M. *de Lorgeril,* de la Motte-Beauvoir, près Saint-Malo. *Sur un sol argileux, humide, difficile à travailler, et d'une dureté désespérante dans les grandes chaleurs,* d'après ses propres expressions, il a adopté plusieurs assolemens de cinq et de six ans, dont le meilleur, selon lui, est 1°. sarrasin fumé, qu'il regarde comme *une excellente jachère;* 2° froment; 3°. pomme de terre fumée; 4°. orge et trèfle; 5°. trèfle; 6°. froment.

M. *Sivard de Beaulieu,* de Valognes, département de la Manche. Sur un sol également argileux, il intercale le froment et l'orge avec le sarrasin et le trèfle qu'il conserve deux ans, de manière à former une rotation quinquennale.

M. *Amans de Rodat,* d'Olemps, près Rodez. Quoique son sol soit si varié qu'il ne peut le soumettre à un assolement constant et uniforme, il substitue à la jachère une rotation quadriennale ou quinquennale, ainsi formée, 1°. pomme de terre bien fumée ; 2°. trémois et trèfle ; 3°. trèfle ; 4°. maïs quarantain après une nouvelle récolte de trèfle; 5°. froment. Cette rotation, dit-il, a totalement changé le sol, au point de lui donner un aspect doux et onctueux. Nous ajouterons qu'il prodigue les engrais aux récoltes intercalaires.

M. *Decombes des Morelles*, d'Escurolles, près Gannat, département de l'Allier. Il a adopté un assolement quinquennal, en intercalant les céréales avec la pomme de terre et le trèfle, dont il prolonge la durée.

M. le chevalier *Demaisons*, à Menil-Glaise, près d'Argentan, département de l'Orne. « *Ayant reconnu*, dit-il, *le résultat stérilisant de la culture triennale avec jachère, j'y ai substitué une rotation quinquennale raisonnée, qui a mérité les encouragemens de la Société royale et centrale d'agriculture, et dans laquelle le trèfle, la pomme de terre, le pois, le sarrasin, ou toute autre culture préparatoire, sont alternés avec les céréales de la manière la plus avantageuse.* »

M. *Laigle-Lessart*, à Domfront, département de l'Orne. Il a également adopté un assolement quinquennal, en substituant le trèfle à l'herbe naturelle qu'on laisse croître habituellement sur les jachères, dans son canton, en le conservant deux ans, et en le remplaçant par le sarrasin, après lequel il admet le froment ou le seigle.

M. *Fortier*, de Nogent-sur-Seine, département

de l'Aube. Sur des terres en partie crayeuses, il remplace la luzerne ou le sainfoin, qui durent cinq ans, par un alternat de même durée, en blé de mars, avoine ou orge, colza, lupuline, lentillon et froment d'hiver.

M. le comte *de Plancy*, d'Arcis-sur-Aube, même département. Sur des terres de même nature, il alterne le seigle et le froment, ainsi que l'avoine, le sarrasin et l'orge, avec le sainfoin, le trèfle, la pomme de terre, la gaude, la lentille, la vesce, la navette, la gravière, etc., en ayant recours quelquefois à la jachère d'été.

M. *Migeon*, du canton de Delle, arrondissement de Béfort, département du Haut-Rhin. Il varie constamment ses cultures sur son domaine de Chalembert, en alternant le froment, le seigle et l'orge avec la pomme de terre et le trèfle, sur des terres souvent argileuses.

M. *Lecoq*, de Laas, près Pithiviers, département du Loiret. Il suit une rotation sexennale sur des terres argilo-siliceuses. Depuis treize ans, dit-il, les jachères ont disparu de ma culture : parmi les assolemens que j'ai établis, voici un des plus avantageux : 1o. fève en rayons, fumée et sarclée; 2o. blé; 3o. pomme de terre, ou betterave, fumées et sarclées; 4o. blé de mars, ou avoine-patate, et trèfle; 5o. trèfle; 6o. blé.

M. *Aubert de Trégomain,* de Fougères, département d'Ille-et-Vilaine. Il suit également une rotation sexennale, en intercalant le froment d'hiver et de mars avec la pomme de terre, le sarrasin et le trèfle, dont il prolonge la durée, sur des terres pierreuses, assises sur un fond de tuf.

M. *Daudin,* de Vic, département du Cantal. Il suit encore un assolement sexennal, sans jachère, par des moyens équivalens, sur un terrain très-varié, léger ou argileux.

M. *Berguam,* de Remiremont, département des Vosges. Il a aussi adopté un assolement sexennal, sur un sol varié.

M. *Duplessis d'Argentré,* de Vitré, département d'Ille-et-Vilaine. Il a également introduit sur son domaine, composé de terres silico-argilo-calcaires, outre un assolement quadriennal, une rotation de six années, en cultivant la luzerne, le sainfoin et les graminées vivaces avec les céréales, sur ses terres les plus éloignées.

M. *Bobée de Chenailles,* près d'Orléans, département du Loiret. Sur un sol sableux, graveleux et caillouteux, il a adopté le grand assolement de M. *Morel de Vindé.*

M. *Durand,* de Saint-Gaudens, département de la Haute-Garonne. Il a aussi introduit une rotation de huit années sur un sol très-varié, gé-

néralement peu profond, en intercalant successivement les céréales avec le trèfle incarnat, la
vesce, le trèfle des prés, le haricot et la pomme
de terre; et en leur substituant quelquefois le
sarrasin et le lupin, soit pour les récolter, soit
pour les enfouir.

MM. *Bermont de Vaux*, frères, des environs
de Sisteron, que nous avons déjà eu occasion
de citer, et qui ont une expérience de plus de
vingt ans. Ils suivent aussi une rotation de huit
années, en alternant le froment ou l'orge, suivis ordinairement d'une récolte dérobée, dans
la même année, soit de sarrasin, soit de maïs-
fourrage, soit de chou ou de pois, consommés
en novembre et décembre par des brebis por-
tières, avec la vesce, le pois, la pomme de terre,
le trèfle, la carotte, le haricot, le chanvre, la
fève, le maïs en grain, et la betterave, semés et
houés avec le plus grand soin.

M. *de Neyrac,* de Saint-Afrique, département
de l'Aveyron. Il a admis sur un sol varié un assolement novennal ainsi réglé : 1°. fève fumée
et sarclée; 2°. blé; 3°. fève ou vesce, non fumée, pour fourrage; 4°. blé; 5°. pomme de
terre fumée et sarclée, ou maïs-fourrage; 6°. orge
et trèfle; 7°. trèfle; 8°. haricot ou betterave,
fumés et sarclés; 9°. blé. Sur les terres les plus

mauvaises, il substitue aux plantes améliorantes ci-dessus l'ers et la lentille, ainsi que le lupin et le sarrasin qu'il enterre quelquefois en fleurs, avant la culture du froment.

M. le comte *de Grisony*, de Roses, près Condom, département du Gers. Il suit une rotation décennale, sur un terrain calcaire, crayeux, légèrement marneux, en alternant le froment d'automne, celui de printemps et l'avoine, avec la fève, le maïs, la pomme de terre, le haricot et le chanvre, fumés et sarclés, ou avec la vesce d'hiver gypsée, et avec un mélange de luzerne et de trèfle.

MM. *Fuzier*, frères, de Saint-Oudart, canton de Virieu, près la Tour-du-Pin, département de l'Isère. Ils ont adapté plusieurs rotations de durée différente à un sol varié, caillouteux, ou compacte et argileux, dont une de onze années, après un défoncement suivi d'orge et de luzerne qui dure sept ans, et qui est remplacée par des céréales; et une autre plus courte, dans laquelle le chanvre fumé précède le froment et le trèfle, auquel succèdent encore le froment ou le seigle et des raves dans la même année.

M. *Louis Aurran*, d'Yères, département du Var. Il a introduit sur son exploitation, dont le sol soumis à l'irrigation est formé de terre de dépôt, un assolement duodennal, en alternant le blé, le trèfle et le haricot avec la luzerne, qui dure six années.

M. le marquis *de la Boëssière*, de Malleville, près Ploërmel, département du Morbihan. Il suit, sur une terre légère, une rotation quatuor-décennale, en alternant judicieusement les prairies artificelles vivaces, et d'autres plantes améliorantes avec les céréales.

M. *de Raineville*, d'Allonville, près d'Amiens, département de la Somme. Il adopte des cours de culture de durée plus ou moins prolongée, sur des terres argileuses ou calcaires, après des défoncemens qui exigent quelquefois une jachère d'été. Ordinairement, après des pâturages artificiels, ou des fourrages verts, formés de seigle, d'orge, de froment et de vesce, de gesse, de lentilles et de pois, il cultive le froment d'automne et de printemps, et il l'alterne avec le navet consommé sur le champ même, avec la pomme de terre, ou la fève, ou la betterave, ou avec le sainfoin et d'autres prairies artificielles.

M. *Andrieu*, de Cheptainville, arrondissement de Corbeil, département de Seine - et - Oise. L'ordre et la durée de ses assolemens varient sur un terrain argilo-sableux, et il observe *qu'il n'y a rien à désirer sur le territoire de sa commune pour la suppression de la jachère.*

M. *Dergère*, de Mondémant, près d'Epernay, département de la Marne. Il intercalle avec les grains les prairies artificielles et les autres plantes améliorantes, dans des rotations variées plus ou moins prolongées.

M. *Carbonnet*, des Marais, commune de Mersy, près Reims, dans le même département. Il a substitué depuis long-temps, par des assolemens de diverses durées, et *d'après nos principes*, comme il s'empresse de l'avouer, l'alternat raisonné des plantes améliorantes et épuisantes, à la jachère absolue, avec laquelle il a soigneusement comparé d'abord tous les produits.

M. *Le Vasseur*, de Courcy, près Fécamp, département de la Manche. Il s'est sur-tout attaché d'abord à la formation des prairies et des pâturages pour la nourriture de ses nombreux troupeaux et il les alterne, dans des rotations plus ou moins prolongées, avec les céréales, la carotte, la fève, la pomme de terre, le pois et la lentille, sur un sol pierreux peu profond, sur lequel il a fait réussir l'avoine élevée ou fromentale, *avena elatior*, L.

M. *Dudessert*, du Jura. Il a supprimé la ja-

chère, sur un terrain léger, en y cultivant alternativement, à des intervalles différens, les
céréales avec les pâturages, la pomme de terre,
le lin, la vesce, la lentille et le trèfle.

M. *Lelong*, de Soulaires, près Chartres, département de Loir-et-Cher. Il a également supprimé la jachère, sur un terrain très-varié, en
la remplaçant par les prairies artificielles et les
plantes légumineuses , telles que la luzerne
commune, la lupuline, le trèfle, le sainfoin, le
mélilot de Sibérie, la pimprenelle, la chicorée
sauvage, la vesce, la gesse, la fève et le pois,
qu'il admet concurremment avec les céréales,
à des intervalles variés.

M. *Dounous*, de Saverdun, près Pamiers, département de l'Ariége. Sur un terrain limoneux et
sableux, quelquefois argileux , consacré aux expériences de la Société centrale d'agriculture
du département de l'Ariége, il a remplacé encore la jachère, dans des rotations plus ou moins
longues, par l'introduction des plantes fourrageuses, oléagineuses et textiles, alternées avec
les céréales et les prairies artificielles.

M. *Vavasseur*, de Breteuil, près Clermont,
département de l'Oise. *Je supprime toujours la
jachère*, dit-il, *par des récoltes intercalaires*, telles
que celles des plantes fourrageuses, notamment

de la lupuline, ou des plantes oléagineuses, de la navette sur-tout, et des prairies artificielles vivaces.

M. le maréchal *Marmont*, à Châtillon-sur-Seine, département de la Côte-d'Or. Il alterne judicieusement, sur un sol calcaire, naturellement peu fertile, comme nous nous en sommes assurés en visitant attentivement son vaste établissement rural, l'un des plus intéressans que la France possède, les céréales avec le sainfoin, le trèfle, la luzerne, les plantes oléifères, la pomme de terre, le topinambour, la betterave et d'autres plantes aussi précieuses pour les assolemens raisonnés ; la betterave lui fournit les matériaux nécessaires à la plus forte fabrication de sucre indigène qui existe maintenant sur notre territoire : elle lui fournit encore de quoi nourrir, avec les résidus, de nombreux animaux domestiques, de diverses espèces et des races les plus distinguées, tout en contribuant, de la manière la plus efficace, au perfectionnement de ses cultures.

M. *Duclos*, de Saint-Denis-lès-Ponts, près Châteaudun, département d'Eure-et-Loir. Il intercalle également les céréales avec les prairies artificielles, qui durent plus ou moins long-temps, sur un sol sablonneux et graveleux.

M. *Coste-Frégeorgues*, des environs de Montpellier, département de l'Hérault. Il alterne aussi le blé fin et les grains de mars, sur un terrain de qualité moyenne, en général, avec la vesce d'hiver ou de printemps, fumée et coupée en vert, la fève coupée et enterrée en fleurs, ou bien récoltée, la pomme de terre, et diverses graines de peu de valeur, semées pour pâture d'hiver ; et aussi avec la luzerne, le trèfle et le sainfoin dont la durée varie. Ces diverses rotations ont lieu *sous un ciel d'airain, où le plus souvent la chaleur et la sécheresse sont extrémes :* ce sont ses propres expressions.

Notre intime ami, M. *Rigaud de l'Isle,* dans les environs de Crest, département de la Drôme. Il remplace la jachère sur un sable d'alluvion, naturellement peu fertile, par la vesce d'été et d'hiver, la pomme de terre, le maïs, le sarrasin, la fève, le haricot, la rave, la courge et le chanvre, qui précèdent le froment à divers intervalles. Il admet aussi le sainfoin sur les terres les plus maigres ; la luzerne sur un défonçage à un pied et demi ; et le trèfle, qu'il amende avec le plâtre. Cet amendement rend propres à la culture du froment ses terres à seigle.

Ajoutons que M. le chevalier *de Marivault,* de Blizon, arrondissement du Blanc, département

de l'Indre, agriculteur plein de zèle et d'instruction, dont nous avons eu l'avantage de faire la
connaissance, annonce à S. Exc. le Ministre de
l'intérieur, après avoir rendu justice aux principes de l'agriculture perfectionnée, qu'il va
adopter quatre assolemens raisonnés, sur son
exploitation de 400 hectares d'un sol très-varié,
à base de tuf, ou de marne, ou de sable compacte, mêlé d'argile et de fer, humide en hiver
et sec en été, en se réglant, pour confier les céréales à la terre, sur la qualité ou l'amélioration du sol.

Nous dirons encore que M. le marquis *de Saint-
Maurice*, près Lodève, département de l'Hérault,
propriétaire de 1,927 arpens, divisés en sept
fermes, rend aussi hommage aux principes, et
reconnaît les graves inconvéniens de l'assolement triennal qui consacre la jachère, après la
culture successive de deux céréales, comme le
fait encore M. *Bertaux*, d'Arzembourg, arrondissement de Cosne, département de la Nièvre.

Il est bon d'observer, avant de passer à un
autre objet, que dans la transition d'un ancien
assolement à un nouveau, au lieu de commencer la rotation raisonnée, quelle que soit sa durée, par l'année dans laquelle la jachère aurait
eu lieu dans l'assolement triennal ancien, on

peut la commencer, dans plusieurs cas, avec plus d'avantages encore, par l'année même qui est ordinairement consacrée à l'avoine, c'est-à-dire immédiatement après la récolte du froment, ou du seigle, en substituant à la culture de cette avoine une des cultures en rayons que nous avons indiquées; la terre se trouverait alors en meilleur état pour la recevoir.

Nous devons rappeler aussi que, dans d'autres cas, et sur-tout lorsqu'on a de nombreux troupeaux de bêtes à laine à nourrir, on peut également adopter avec avantage, sur une partie de l'exploitation, comme nous l'avons fait plusieurs fois avec succès sur la nôtre, un assolement biennal, tel que celui appelé *de deux campagnes*, en Alsace, dont nous avons parlé, et celui de M. *Bertier de Roville*, que nous avons aussi indiqué.

Il devient alors très-facile de procurer en tout temps d'abondans pâturages aux bêtes à laine, en intercalant judicieusement la culture des plantes les plus propres à former ces pâturages, et que nous avons déjà désignées, avec celles des céréales destinées à la nourriture de l'homme.

Le trèfle rampant, appelé vulgairement trèfle blanc, *trifolium repens*, L., est aussi d'une grande ressource pour cet objet, dans les assolemens à long terme, comme nous l'avons déjà vu, ainsi que le sainfoin, la pimprenelle, et diverses autres plantes qui ont le mérite de former d'excellens pâturages sur des terres peu fertiles.

Dans tous les cas, nous devons prévenir les agriculteurs qu'il ne faut jamais hésiter à faire consommer sur le champ même par les bestiaux, ou à enfouir comme engrais végétal, tous les produits, quels qu'ils soient, qui se trouvant très-clair-semés, et considérablement affaiblis par une cause quelconque, auraient facilité le développement d'un grand nombre de plantes nuisibles qu'on ne pourrait détruire. Sans cette précaution, on s'exposerait à prolonger l'existence du grave inconvénient qu'il faut avant tout faire disparaître le plus tôt possible, si l'on ne veut pas compromettre le succès des récoltes futures.

Nous citerons encore ici en exemples ceux de messieurs les correspondans du conseil d'agriculture, qui, avec des prairies ou des pâturages plus ou mois abondans sur le reste de leurs exploitations rurales, remplacent ordinairement l'assolement biennal ou triennal avec jachère, par des rotations biennales ou triennales sans jachère. Ce sont :

M. *Degland*, dans les environs de Rennes, dé-

15*

partement d'Ille-et-Vilaine. Il alterne le froment avec le sarrasin, sur des terres fortes et glaiseuses.

M. *Félix Guimbertaud,* de Montfort, du même département. Il alterne aussi, sur un sol varié, le froment avec le sarrasin, qu'il remplace quelquefois par des pâturages qui durent plusieurs années.

M. *Dandurein,* de Licharre, arrondissement de Mauléon, département des Basses-Pyrénées. Il intercalle le froment avec le maïs, ou le haricot, ou le lin, sur des terres silico-argileuses, caillouteuses en général.

M. *François Durand,* des environs de Perpignan, département des Pyrénées-Orientales. Il admet successivement sur un sol arrosable, argileux et graveleux, le froment ; puis, comme pâturage annuel intercalé avec cette céréale, le seigle, l'orge, la vesce, et le trèfle incarnat mélangé avec le lupin et la vesce.

M. le marquis *de Tanlay,* près Tonnerre, département de l'Yonne. Il alterne, sur un sol varié, le froment avec le chanvre, ou avec les plantes légumineuses et potagères.

M. *Basquiat Mugrier,* de Meillant, arrondissement de Saint-Sever, département des Landes. Il intercalle le froment ou le maïs avec le trèfle

ou le lin , sur une propriété généralement hu‑
mide.

M. *de Bernardy*, de Fontbonne, près d'Au‑
benas, département de l'Ardèche. Il alterne le
froment, ou le seigle, ou l'orge, ou l'avoine,
avec la pomme de terre, ou le pois, ou la vesce,
et il évite, comme il le dit, *d'avoir deux pailles
de suite.*

M. *de Raigniac*, l'un de nos élèves les plus
distingués, de Foulayronne, près d'Agen, dé‑
partement de Lot‑et‑Garonne. Il alterne aussi,
fréquemment, le froment avec des fourrages
temporaires, du maïs, des fèves, des pois, des
haricots, des pommes de terre , sur des terres
argileuses; indépendamment du sainfoin qu'il
cultive à part, et des carottes qu'il emploie avec
succès à la nourriture des bestiaux, principa‑
lement pour l'engraissement des porcs.

M. *de Valcourt,* dans les environs de Toul,
que nous avons déjà vu suivre l'assolement qua‑
driennal. Il a adopté, pour le peu de terres qui
lui restent éparses dans le ban, la rotation trien‑
nale suivante : 1°. navette de printemps, fumée
et semée en juin ; labour aussitôt la navette ré‑
coltée, puis blé. La navette, se semant tard, lui
permet de donner à la terre une demi‑jachère,
pour bien l'ameublir et détruire les plantes nui‑

sibles; 2°. blé, puis labour avant l'hiver; 3°. pois et lentilles alternativement, ce qui fait que chacune de ces plantes ne revient que tous les six ans ; puis labour avant l'hiver, pour recommencer la rotation. M. *de Valcourt* trouve sur-tout de l'avantage à couvrir ses terres légères, pendant le temps le plus chaud de l'été, d'une récolte momentanée qui les abrite ; et il s'attache particulièrement à soigner ses cultures sarclées.

M. le baron *de Malaret*, des environs de Toulouse, département de la Haute-Garonne. Il a encore remplacé l'assolement biennal avec jachère, par une rotation triennale sans jachère.

Nous trouvons aussi dans les contrées qui nous environnent, de bons exemples de rotations triennales sans jachère. Nous nous bornerons à indiquer celle qui est consignée dans un mémoire couronné par la Société d'émulation de Liége, publié l'année dernière, et par laquelle l'auteur assure avoir *augmenté considérablement ses produits*. Il y décrit encore un assolement quadriennal dont il assure également avoir retiré de très-grands avantages.

2°. *Du remplacement de l'assolement alterne avec pâturage naturel.*

Après avoir prescrit les règles qu'il nous paraît convenable de suivre pour passer insensiblement, pour ainsi dire, et très-avantageusement de l'assolement vicieux le plus général presque par-tout, à la rotation la plus propre à le remplacer sans s'exposer aux mécomptes qui accompagnent trop souvent les innovations indiscrètes et mal combinées, il convient de nous arrêter à l'examen d'un autre moyen, encore très-ancien, d'aménager les terres cultivables, et qu'on désigne fréquemment sous la dénomination d'*assolement alterne avec pâturage naturel.* Nous devons voir aussi de quels perfectionnemens gaduels il serait également susceptible, dans le plus grand nombre de cas, pour fournir des résultats plus favorables à la terre et au cultivateur, que ceux qu'on en retire ordinairement.

Cet assolement imparfait, qu'on rencontre fréquemment dans les pays de petite culture, et au centre de la France, ainsi qu'au midi, dans quelques cantons fréquemment ravagés par la grêle, sur-tout dans des contrées faiblement peuplées, et qui exige peu de capitaux, de soins

et de main d'œuvre, consiste, comme nous l'a-
vons fait remarquer au commencement de cet
article, dans l'entier abandon du sol, qu'on a
appelé aussi fort improprement *repos*, pendant
un laps de temps plus ou moins considérable,
après plusieurs récoltes consécutives très-épuisantes.

Le champ qui se trouve ainsi réduit à l'*inculture*, faute d'engrais, se couvre naturellement,
sur les terres fraîches, particulièrement dans les
climats brumeux et humides, qui favorisent le
développement des graminées et des légumineuses croissant spontanément, et auxquels ce
mode est plus applicable qu'à tout autre, d'un
pâturage plus ou moins abondant, mais le plus
souvent médiocre pour la qualité et la quantité ; car nous y avons vu souvent dominer des
plantes très-nuisibles, au milieu d'un grand
nombre d'autres plantes au moins inutiles, qui
permettaient à peine à celles qui étaient bonnes
de végéter.

Ce genre d'administration rurale, d'une grande
simplicité, qui tient de près au régime pasto-
ral, et qui pouvait convenir à l'origine des sociétés, à une population rare, peu industrieuse,
peu éclairée, et ayant aussi fort peu de besoins,
principalement lorsqu'elle avait essentiellement

en vue l'entretien et l'engraissement des bestiaux, par le seul secours de la nature et sans
l'emploi d'aucun soin particulier, est moins dispendieux sans doute et plus productif, en général, que l'assolement triennal dont nous nous
sommes occupés, quoiqu'il admette quelquefois
même, comme celui-ci, la jachère proprement
dite ; mais il n'en a pas moins le très-grave inconvénient d'épuiser et de souiller la terre, à
des époques périodiques régulières, après avoir
confié à la nature seule le soin de réparer incomplétement les torts d'une culture plus exi-
geante que bien combinée ; et il nous paraît susceptible, comme le précédent, d'être aisément
amélioré.

Il suffit, pour y parvenir, de choisir toujours
comparativement une portion peu considérable
d'abord, des terres qui y sont soumises, la plus
rapprochée du manoir et la plus susceptible
d'admettre l'essai de la réforme ; de lui consacrer
tout l'engrais disponible, ou celui qu'on peut
se procurer d'ailleurs, après la première récolte
des céréales qui succèdent ordinairement au pâturage dès qu'il est rompu ; de traiter cette portion avec toutes les précautions que nous avons
indiquées pour la première année de la précédente rotation ; et sur-tout de s'efforcer de net-

toyer et d'ameublir préalablement le plus possible la terre ordinairement aussi dure qu'infestée de mauvaises herbes; d'y établir ensuite une
ou plusieurs cultures en rayons, suffisamment
espacées et traitées de même que celle que nous
avons déjà prescrite, afin de nettoyer et ameublir encore de plus en plus la terre.

On fera suivre immédiatement cette culture
de l'établissement d'une prairie, ou d'un simple
pâturage, si l'on veut, semé au printemps avec
une céréale bien adaptée à l'état et à la nature
du sol, et formé d'un choix des graminées vivaces le plus appropriées à ces circonstances,
mélangées en diverses proportions, comme par
moitié, par tiers, ou par quart, avec de la luzerne lupuline, du trèfle rampant, du trèfle des
prés, de la pimprenelle, du lotier corniculé, et
d'autres légumineuses reconnues pour former
la base des meilleures prairies ou pâturages
naturels.

Il deviendra très-facile ensuite d'étendre successivement cette rotation, qu'on peut prolonger ou abréger plus ou moins, suivant les besoins, sur la totalité de l'exploitation, à mesure
qu'on en aura recueilli et bien constaté les avantages, qui ne pourront manquer de se développer chaque année de plus en plus, et qui dé-

montreront complétement sa supériorité sur l'ancienne, en fournissant non-seulement d'abondantes récoltes de grains, mais aussi d'amples moyens d'entretenir les bestiaux à l'étable.

A défaut de graminées vivaces bien choisies, dont il est souvent facile, avec un peu de soins, de se procurer la graine sur sa propre exploitation, ou dans les environs, on pourrait se borner d'abord à l'ensemencement de la lupuline, du trèfle rampant et de la pimprenelle, mélangés, si l'on veut, avec le trèfle des champs et l'ivraie vivace, qui fourniraient sans nul doute une provision de nourriture verte bien plus abondante et de meilleure qualité que l'herbe qui croît spontanément et ordinairement sans le secours d'aucun engrais, laquelle est toujours mêlée plus ou moins avec des plantes inutiles, et même nuisibles, qui s'y trouvent souvent dans des proportions considérables. Il serait possible aussi de soumettre avec avantage ce nouveau produit au fauchage, dans un assez grand nombre de localités.

Dans le cas où l'on répugnerait encore à adopter d'abord les cultures en rayons que nous regardons cependant toujours comme le meilleur moyen d'améliorer promptement la terre et d'assurer le succès de la prairie ou du pâturage, et où l'on ne croirait pas non plus devoir les remplacer par la culture de la vesce dont nous avons aussi parlé, et qui vient ensuite dans l'ordre respectif de mérite pour produire ces deux effets, on pourrait se borner rigoureusement à semer les graminées et les légumineuses vivaces ci-dessus indiquées, avec le dernier grain de l'ancienne rotation.

Quoique ce moyen ne soit pas assurément le plus efficace pour arriver au but désiré, on en obtiendrait au moins, dans tous les cas, un pâturage bien préférable à celui qui se forme naturellement, et même dans plusieurs cas, surtout si l'on fumait, un produit susceptible d'être fauché. Ce serait déjà une importante amélioration de cet assolement, laquelle conduirait insensiblement à un plan mieux raisonné, en procurant plus de fourrage et par conséquent plus d'engrais pour fertiliser la masse de l'exploitation, et en donnant ensuite les moyens d'entretenir avantageusement les bestiaux à l'étable, ce que nous regardons toujours comme le complément d'une bonne agriculture.

Le moyen bien simple dont nous conseillons ici de faire un essai comparatif avec l'ancienne routine pacagère, moyen recommandé depuis long-temps en Italie et en Suisse par la pratique et les écrits de Tarello et de Bertrand, a été mis en usage, comme on l'a vu, par plusieurs de nos agriculteurs les plus éclairés, qui en ont recueilli de grands avantages. Nous nous bornerons à en citer ici un nouvel exemple remarquable, qui confirme pleinement nos observations.

M. *Cavoleau*, en traitant de la culture du Bocage dans sa savante *Description du département de la Vendée*, après avoir observé judicieusement que dans cette contrée où l'assolement alterne avec pâturage est usité : « De bonnes méthodes de culture et un bon assolement, en multipliant les moyens de subsistance pour les bestiaux, quadrupleraient le nombre de ceux-ci, augmenteraient dans la même proportion la quantité des engrais et les moyens de fertiliser la terre ; que ces résultats sont amenés par le temps, lorsqu'on les cherche de bonne foi et avec une volonté constante ; et que les propriétaires de la Vendée peuvent faire ce qui s'est fait dans l'Alsace, dans la Flandre, dans la Belgique, sur un sol *qui ne vaut pas mieux que le leur*; » ajoute : « Ce que je viens de dire des landes, doit s'appliquer à plus forte raison aux jachères permanentes ; mais en attendant la grande révolution que mes vœux appellent dans notre grossier système de culture, il y aurait sans doute des moyens d'améliorer le mauvais régime de nos pâtis. Lorsque l'on veut en former un, on abandonne la terre à elle-même. Elle ne commence à se couvrir d'herbe qu'à la troisième année, et ce sont le plus souvent des espèces très-peu utiles, qui sont souvent étouffées par le genêt ou l'ajonc, dont la végétation a devancé la leur. L'ignorance et la paresse peuvent seules maintenir une méthode aussi vicieuse. Ne serait-il pas préférable de semer sur les terres que l'on traite avec tant d'indifférence, des graines de quelques bons fourrages, de quelques graminées vivaces, qui donneraient plus promptement des produits plus abondans et de meilleure qualité ? »

Il cite ensuite l'exemple de M. *Armand* de Béjarry, qui, dans le canton de Saint-Hermine, commence par semer du trèfle sur le champ qu'il veut convertir en pâtis. Ce trèfle lui donne deux bonnes récoltes; il périt insensiblement et il est remplacé par de bons herbages. « Cet agriculteur est sur la bonne voie, dit M. *Cavoleau,* et quoique la méthode qu'il a adoptée soit encore très-imparfaite, il est à désirer qu'elle soit généralement adoptée, en attendant que l'on puisse arriver à la suppression générale de toutes espèces de jachères.»

Nous devons rappeler ici que nous avons déjà vu M. *Laigle-Lessart* substituer, avec succès, dans les environs de Domfront, cette excellente pratique à la routine, qui laisse croître l'herbe naturelle sur les terres abandonnées après avoir été épuisées par plusieurs cultures successives de céréales.

3°. *Du remplacement de l'alternat de la culture et de la jachère.*

Il ne nous reste plus qu'à fixer un instant notre attention sur l'assolement également très-répandu dans diverses parties de la France, qui condamne la terre à une jachère absolue, tous les deux ans, et à examiner comment il est encore possible de remédier progressivement à cet abus révoltant.

La rotation très-vicieuse dont il est ici question, qu'on appelle quelquefois *culture alternée avec la jachère*, réduit à la moitié, chaque année, l'étendue des terres qui donnent quelque produit.

M. *Gasparin* a fait ressortir tous ses inconvéniens pour les environs d'Orange, où elle existe sur des *terres assez fertiles*; il les a démontrés par un excellent mémoire inséré dans la *Bibliothèque universelle*, dans lequel il assure positivement, et prouve par le calcul, d'après **sa** propre expérience, que « *les blés recueillis par la méthode de jachère alterne coûtent plus qu'ils ne se paient ; que leur culture est onéreuse au propriétaire, et a besoin d'un assolement bien combiné.* » M. le comte *de Lapâture* reconnaît aussi ces vices capitaux sur les *riches fonds* du département de l'Eure ; et plusieurs autres agriculteurs distingués l'ont encore fortement blâmée.

Cette rotation a été réformée avec le succès le plus prononcé par M. *Faure*, cultivateur très-distingué des Hautes-Alpes, ainsi que par M. *de Gasquet* dans le département du Var ; comme aussi par M. *Gasparin* dans celui de Vaucluse ; par M. *de Villeneuve* dans celui de la Haute-Garonne ; et par MM. *Bertin* de Vaulx, frères, dans celui des Basses-Alpes ; dans des circonstances très-difficiles, en général, ainsi qu'on l'a vu, sous le double rapport du climat et du sol, et sur des exploitations rurales qui servent aujourd'hui de modèles aux cultivateurs des environs. Elle l'a été également, comme nous venons de le voir, par MM. *Dégland* et *Guimbertaud*, dans le département d'Ille-et-Vilaine ; *Dandurrein*, dans celui des Basses-Pyrénées ; François *Durand*, dans les Pyrénées-Orientales ;

de Tanlay, dans le département de l'Yonne ; *Basquiat-Mugrier*, dans les Landes ; *de Bernardy*, dans le département de l'Ardèche; *de Raigniac*, dans le département de Lot-et-Garonne; et *de Malaret*, dans celui de la Haute-Garonne.

La misérable routine dont il s'agit est donc tout aussi suseptible que les précédentes d'être transformée graduellement, et sans de grandes difficultés, en un assolement quadriennal, ou de plus longue durée ; en prenant toujours les mêmes précautions déjà indiquées, c'est-à-dire en alternant la culture du froment qu'on a particulièrement en vue ici, avec une culture de plantes améliorantes, telles que celles que nous avons spécialement recommandé d'adopter, qui reçoivent tout l'engrais disponible et qui sont semées en lignes convenablement espacées, houées, sarclées; et en l'intercalant encore avec une prairie artificielle, dont le principal produit doit se borner à l'une des deux années intercalaires.

On peut ainsi obtenir constamment, de deux années l'une, du froment d'automne ou de mars, sur les terres fertiles, en ne fumant qu'une seule fois tous les quatre ans, et en maintenant le sol dans un état progressif de netteté, d'ameublissement et de fertilisation. On peut également obtenir sur des sols moins féconds d'autres céréales moins épuisantes, alternées avec des plantes améliorantes.

En supposant même qu'on eût quelque motif fondé pour ne pas admettre dans son ensemble cette rotation, qui nous paraît être la meilleure en général, et qui est susceptible de toutes les modifications que les circonstances peuvent exiger (car nous ne saurions trop répéter que l'ensemble d'un plan raisonné d'assolement doit servir de base aux opérations de l'agriculteur sans jamais l'enchaîner, et qu'il doit savoir s'en écarter avec jugement); on ne pourrait raisonnablement se refuser, au moins, au lieu de vouloir arracher au sol un produit intercalaire épuisant, comme cela se fait quelquefois aux dépens de la culture du froment, à semer dans l'année de jachère, et même à la fin de celle qui la précède, sur le chaume retourné par un labour, immédiatement après la récolte, quelque plante destinée soit à fournir un pâturage précoce, soit plutôt à être enfouie comme engrais végétal. Ce dernier mode, que nous avons déjà eu occasion d'indiquer et de recommander , renouvelé depuis peu avec le seigle, par M. *Giobert* de Turin et aussi par quelques agriculteurs français, offre de très-grands avantages, sur-tout sur les terres arides et dans les climats chauds.

Ce serait un moyen certain et économique de suppléer, en purgeant tout-à-la-fois le sol de plantes nuisibles, à la disette d'engrais qui ne peut manquer de se faire sentir fortement avec une rotation aussi défectueuse, laquelle fournit trop peu pour les hommes, en ne produisant aucun fourrage pour les bestiaux; laquelle ne peut se soutenir nulle part qu'avec d'abondantes ressources étrangères, telles que des prairies naturelles et des friches destinées au pâturage; et qu'on ne rencontre encore que trop souvent parmi nous, malgré tous ses défauts, et malgré les heureux efforts de plusieurs agriculteurs instruits, pour la faire disparaître entièrement du territoire français qu'elle déshonore encore, comme les deux précédentes.

VI.

Résumé.

Après tous les détails dans lesquels nous n'avons pu nous dispenser d'entrer à l'égard des principaux modes anciens d'assoler parmi nous les terres cultivables, et auxquels on peut réduire tous ceux qui ont été introduits, à une époque fort éloignée, sur notre territoire; après l'indication des divers moyens les plus propres à les remplacer avantageusement presque part-tout, nous nous croyons bien fondés à affirmer :

1°. Qu'il est facile de substituer progressivement à ces usages, sans désordre et sans perte, des rotations raisonnées très-avantageuses, au moyen desquelles on peut supprimer l'improductive jachère, *dans le plus grand nombre de cas*, en maintenant la terre dans un état progressif d'amélioration, au lieu de la laisser se détériorer continuellement par ces antiques systèmes de culture, qui pouvaient être utiles lors de leur introduction dans des contrées peu avancées en civilisation, en population et en industrie agricole, mais qui doivent maintenant céder la place aux méthodes perfectionnées, devenues le résultat inévitable des progrès des lumières, et de l'accroissement de la population et des besoins.

2°. Que si ces vieilles pratiques de nos ancêtres ont résisté, sur plusieurs points, aux efforts partiels qui ont été tentés par divers agriculteurs pour les abolir, il est évident qu'on ne peut attribuer le défaut de succès des entreprises, qu'aux

seules causes que nous avons développées, et
sur-tout au manque de précautions indispensables pour faire réussir les essais.

3o. Que si nous sommes encore condamnés
à voir exister d'aussi ruineuses routines sur les
terres des cultivateurs peu aisés et peu instruits,
peut-être même dans quelques autres cas non
moins fâcheux, que nous avons exposés avec
franchise, cela tient seulement à des circonstances particulières, dont tout ami de la France
doit espérer de voir bientôt disparaître jusqu'aux
moindres traces. Ces circonstances, entièrement
étrangères à la culture proprement dite, ne peuvent militer nullement en faveur du grand obstacle à toute espèce d'amélioration agricole, qui
a dû fixer spécialement notre attention, et dont
nous désirons avoir suffisamment démontré les
pernicieux effets.

Nous terminerons nos considérations générales et particulières sur cet important objet,
en observant que nous devons d'autant plus espérer de voir l'affligeante étendue des terres
abandonnées à un prétendu *repos,* diminuer de
plus en plus, chaque année parmi nous, que le
gouvernement a reconnu et déclaré solennelle-
ment, d'après l'avis unanime du conseil général
d'agriculture, dès l'origine de sa formation, que

l'abolition des jachères est un grand principe d'amélioration, et qu'il a signalé à l'estime particulière de Sa Majesté les correspondans du conseil, *parce que la plupart d'entre eux les ont bannies de leur exploitation* (1).

---

(1) Voyez les mots Assolement et Succession de culture du Nouveau cours complet d'agriculture, qui forment le complément de cet essai. Nous avons exposé, sous le premier, les principes qui doivent diriger maintenant l'économe rural éclairé dans l'ordre de ses cultures, pour qu'elles lui deviennent le plus avantageuses qu'il est possible ; et nous lui avons indiqué, avant tout, la marche progressive des améliorations les plus remarquables qui se sont introduites successivement en ce genre chez les anciens peuples cultivateurs les plus renommés, et récemment sur les diverses parties de l'Europe les mieux cultivées. Nous avons rassemblé ensuite en un seul cadre, sous le second, toutes les plantes annuelles, bisannuelles, ou vivaces, qui sont cultivées en grand sur le vaste territoire de la France, dans des climats très-variés, ou qui sont susceptibles d'être admises en différens cantons, avec des avantages plus ou moins prononcés : et nous les avons examinées alternativement sous l'important rapport des assolemens, en les classant méthodiquement, d'après leur nature particulière et leurs différens usages économiques ; en indiquant les qualités du sol qui leur conviennent généralement le mieux ; en faisant observer les précautions particulières et essentielles ainsi que tous les procédés de culture que chacune

d'elles exige pour prospérer ; en prescrivant sur - tout l'ordre de rotation dans lequel il est utile de les introduire et de les faire revenir sur le même champ à des retours périodiques ; et en faisant connaître enfin tous les résultats avantageux qui doivent nécessairement résulter de cet ordre de culture raisonnée. Nous ajouterons que nous n'avons jamais omis, dans ces deux articles, de placer l'exemple à côté du précepte , en appuyant constamment nos assertions sur les faits les plus authentiques et les plus concluans, lesquels nous ont été fournis, le plus souvent , ou par notre propre pratique , ou par nos cultivateurs les plus instruits , dont le nombre augmente heureusement de jour en jour de manière à nous faire espérer que bientôt notre économie rurale aura atteint tout le degré de perfectionnement désirable. Nous devons espérer aussi que les vrais principes d'assolement , ainsi que toutes les méthodes de culture perfectionnées à l'aide d'instrumens convenables, étant bien connus et mis sagement en pratique, se propageront bientôt rapidement sur la totalité du territoire français.

Explication des figures de la Planche.

Figures 1 et 2. *Petite herse triangulaire, sarcloir à cheval, ou petit cultivateur.*

Cette petite herse, aussi simple qu'elle est solide, a le mérite bien précieux de nettoyer et d'ameublir la terre des intervalles des rayons, de la manière la plus expéditive et la plus économique.

La figure 1re. représente le plan de cet instrument, et la figure 2 en offre l'élévation, prise un peu latéralement, pour en rendre la construction plus facile.

Un seul cheval, quelque petit qu'il soit, et même un âne, suffit amplement pour tirer entre les lignes ou rayons ce léger instrument, armé de quatorze dents en fer, fixées par des écrous et inclinées de derrière en avant.

On l'attèle à un petit palonnier fixé par un crochet à l'étrilly (*y*).

Ce cheval doit être conduit d'abord par un enfant entre les rayons, jusqu'à ce qu'il soit habitué à y marcher seul.

La personne chargée de diriger l'instrument aura soin d'éviter de froisser les plantes alignées, et les mancherons (*q*) lui en faciliteront les moyens. Elle pourra aussi le charger d'un poids proportionné à la profondeur à laquelle elle croira devoir faire entrer les dents en terre.

L'ouverture de cet instrument étant de 16 à 18 pouces, ce qui suffit pour un grand nombre de cultures en lignes, on peut la diminuer à volonté, en retranchant les deux dents de derrière (*r*) : alors on n'aura plus d'ouverture

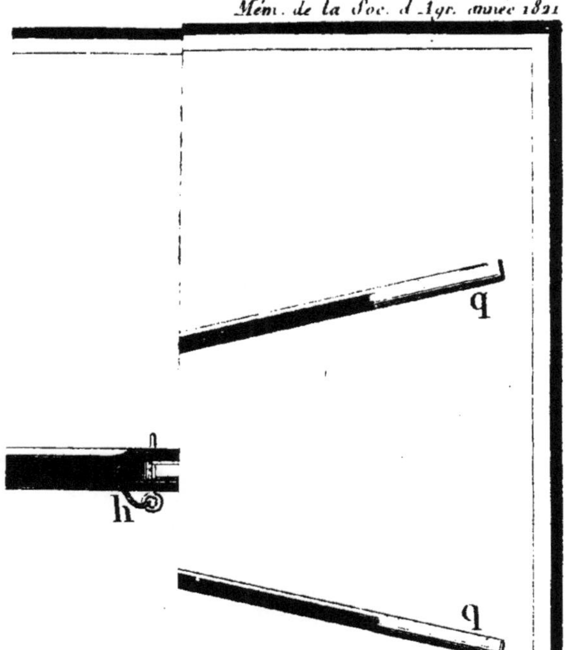
q
q
h

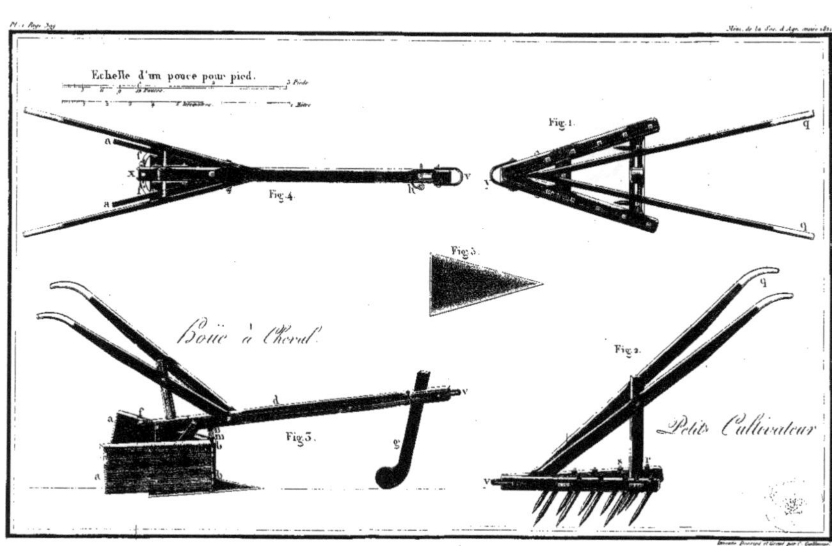

Echelle d'un pouce pour pied.
Fig. 1.
Fig. 2.
Fig. 3.
Fig. 4.
Fig. 5.
Boüe à Cheval.
Petit Cultivateur

que la distance qui se trouve entre les deux dents (*s*) et ainsi de suite.

On peut aussi augmenter cette ouverture, soit en changeant les dimensions de l'instrument, soit en adoptant, ainsi que l'ont fait MM. *Turck, Bertier de Roville* et *Mathieu de Dombasle*, pour leurs cultures sarclées, une petite herse triangulaire ouvrante, qui s'étend et se resserre à volonté, suivant le plus ou le moins d'espace qui existe entre les lignes des plantes cultivées, au moyen d'une charnière qui réunit les deux montans ou barres latérales, et qui permet leur écartement ou leur rapprochement.

Cet instrument a beaucoup d'analogie avec le *tourmenteur* de M. *Coke*, que M. *Molard* nous a fait connaître.

Figures 3 et 4. *Houe à cheval*, dite aussi *buttoir à cheval*, ou *charrue-cultivateur*.

La première de ces figures représente le plan de l'instrument, et la seconde en offre l'élévation un peu latérale, afin d'en faciliter la construction.

Cet instrument, qui est également fort simple et solide, sert à chausser ou butter économiquement et très-expéditivement toutes les plantes cultivées en lignes, lorsque l'intervalle qui les sépare a été suffisamment purgé des plantes nuisibles aux récoltes, et complétement ameubli par l'action répétée de la petite herse triangulaire dont on vient de parler.

Un seul cheval suffit, dans les cas les plus ordinaires, pour le mettre en mouvement.

On l'attèle, comme pour l'instrument précédent, à un petit palonnier fixé par un crochet à l'étrilly (*v*), et un enfant le conduit de même entre les lignes, jusqu'à ce qu'il soit habitué à y marcher sans conducteur.

La personne qui dirige l'instrument, au moyen des mancherons, fait enfoncer le soc en terre, plus ou moins, à l'aide du sabot mobile (*g*), placé dans une mortaise au bout de la haie, et garni dans sa partie supérieure de trous dans lesquels elle place, à la distance convenable, une petite broche de fer (*h*), comme on le voit à la figure 4.

On règle aussi l'ouverture des deux oreilles ou versoirs (*aa*) au moyen de deux charnières (*bb*), qui enveloppent le boulon (*c*); et l'on peut le fixer à volonté en (*x*) sur la queue de la haie. Les deux équerres (*ff*), figure 3, ont une branche recourbée et percée de trous, dans lesquels on détermine l'écartement au moyen du boulon (*e*), tandis que l'autre branche, figure 4, est fixée aux versoirs par trois vis.

On pourrait aussi se servir de ce petit araire, ou espèce de *binct*, pour labourer légèrement ou *binoter* la terre des intervalles, sarclée et ameublie préalablement par la petite herse triangulaire, en enlevant, si on le juge convenable, les deux boulons (*ll*) et le boulon (*p*), fig. 3, comme aussi la haie et l'écrou (*n*) qui lui sert d'épaulement, ainsi que celui qui maintient sur le soc les deux versoirs, qu'on enleverait. Après avoir replacé la haie, comme elle était avant cet enlèvement, il ne resterait plus pour remuer la terre que le soc, représenté par la figure 5, dont la largeur peut être plus ou moins grande, d'après la distance observée entre les lignes. Mais cette opération est bien rarement nécessaire, parce que la petite herse seule, bien dirigée, peut presque toujours ameublir et nettoyer le sol à la profondeur convenable.

Il est facile de se procurer ces deux instrumens, d'une grande utilité, qui devraient se trouver sur toutes les exploitations rurales bien dirigées, ainsi que d'autres équivalens, tels que *le binot* commun, *le passauf*, *le scarificateur*, *le tourmenteur*, ou *herse ouvrante*, et diverses sortes de houes, d'araires, de *shims*, ou râtissoires à cheval, etc., dans les ateliers d'instrumens d'agriculture de MM. *Guillaume*, rue du faubourg Saint-Martin, n°. 97, et *Molard* jeune, rue Neuve Saint-Laurent, n°. 6, quartier du Temple, à Paris.

Leur prix actuel est de 100 fr. environ, et l'on pourrait les faire confectionner pour un moindre prix dans la plupart de nos départemens, comme plusieurs agriculteurs l'ont déjà fait avec succès.

Nous ne pouvons nous dispenser d'avertir tous ceux qui voudront essayer de les admettre dans leurs cultures préparatoires, que, quel que soit l'instrument simple, solide et expéditif qu'ils jugeront convenable d'adopter pour leurs récoltes sarclées, il est indispensable qu'ils tiennent constamment ces récoltes bien nettes de toutes espèces de plantes nuisibles; car sans cette précaution *de rigueur*, nous ne saurions trop le répéter, on ne peut réellement obtenir aucun succès assuré et durable, dans quelque rotation de culture que ce soit.